国家自然科学基金青年项目（51601225）
湖南省自然科学基金面上项目（2018JJ2510）

银基电触头材料的电弧侵蚀行为与机理

吴春萍　著

扫一扫查看全书彩图

北　京

冶金工业出版社

2021

内 容 提 要

本书以银基低压电触头材料为研究对象，全面系统地介绍了操作次数、制备工艺、合金组元和含量对 Ag/Ni 电触头、Ag/ZnO 电触头、Ag/CuO 电触头、Ag/CdO 电触头、Ag/SnO$_2$ 电触头、Ag/SnO$_2$In$_2$O$_3$ 电触头和 Ag/MeO 电触头电弧侵蚀行为（电接触物理现象、电弧侵蚀率、电弧侵蚀形貌、横截面金相显微组织）的影响。在此基础上，本书深入探讨了银基电触头材料的电弧侵蚀机理，旨在为银基电触头材料的制备和应用提供理论和实验依据。

本书内容丰富、数据翔实、结构严谨、可读性强，可供从事材料设计、材料研发和工程应用的科研人员和工程技术人员阅读，也可供高等院校相关专业师生参考。

图书在版编目(CIP)数据

银基电触头材料的电弧侵蚀行为与机理/吴春萍著. —
北京：冶金工业出版社，2021.10
ISBN 978-7-5024-8936-6

Ⅰ.①银…　Ⅱ.①吴…　Ⅲ.①银基合金—电触头—
电弧-侵蚀-研究　Ⅳ.①TM503

中国版本图书馆 CIP 数据核字（2021）第 196472 号

出 版 人　苏长永

地　　址　北京市东城区嵩祝院北巷 39 号　邮编　100009　电话　(010)64027926
网　　址　www.cnmip.com.cn　电子信箱　yjcbs@cnmip.com.cn
责任编辑　王　颖　美术编辑　彭子赫　版式设计　郑小利
责任校对　郑　娟　责任印制　李玉山
ISBN 978-7-5024-8936-6

冶金工业出版社出版发行；各地新华书店经销；北京捷迅佳彩印刷有限公司印刷
2021 年 10 月第 1 版，2021 年 10 月第 1 次印刷
710mm×1000mm　1/16；14.5 印张；283 千字；223 页
99.90 元

冶金工业出版社　投稿电话　(010)64027932　投稿信箱　tougao@cnmip.com.cn
冶金工业出版社营销中心　电话　(010)64044283　传真　(010)64027893
冶金工业出版社天猫旗舰店　yjgycbs.tmall.com
（本书如有印装质量问题，本社营销中心负责退换）

前　言

本书是关于银基电触头（Ag/Ni、Ag/ZnO、Ag/CuO、Ag/CdO、Ag/SnO$_2$、Ag/SnO$_2$In$_2$O$_3$ 和 Ag/MeO）电弧侵蚀行为（电接触物理现象、电弧侵蚀率、电弧侵蚀形貌、横截面金相显微组织）和电弧侵蚀机理研究方面的专著。电触头材料是电器电子产品中的关键接触元器件，是智能装备、产品在各种电力环境下高效稳定运转的重要保障。银基电触头材料具有良好的导电性、加工性及抗氧化性，且接触电阻低而稳定，抗熔焊性强，在电工材料领域中得到广泛应用。研究开发性能优异的环保电触头契合"中国制造2025"这一国家重大战略需求，符合国家与国际的环保标准要求。本书从操作次数、电触头材料体系、电触头材料组元、电触头材料制备工艺等方面系统研究和剖析了银基电触头材料的电弧侵蚀行为和电弧侵蚀机理，旨在为开发性能优异的环保电触头提供理论和实验依据。

在研究过程中，材料制备和电弧侵蚀模拟实验得到了福达合金材料股份有限公司的大力支持，尤其要感谢王达武董事长、翁桅教授级高工、柏小平教授级高工、李素华高工和鲁香粉高工的参与和指导，是他们为本书提供了高质量不同体系的银基电触头，并完成了电触头材料的电弧侵蚀模拟实验。本书试验研究得到了中南大学材料科学与工程学院易丹青教授和能源科学与工程学院周孑民教授的细心指点与帮助；本书中样品测试工作得到了中南大学材料科学与工程学院徐国富教授、黄继武教授、吴琼博士、李耀博士和机电工程学院周亚军副研究员的大力帮助与支持；本书中文字的梳理和校正得到了中南大学材料科学与工程学院黄润章博士和元梦硕士的大力协助；本书中所需的实验检测分析经费获得了国家自然科学基金青年项目（51601225）和湖南省自然科学基金面上项目（2018JJ2510）的资助。作者在此一并表示最诚挚的感谢。

　　电触头材料的电弧侵蚀是一个复杂的物理化学过程，影响因素也很多，涉及物理、化学、电接触、材料学、电子学多个学科知识，作者时感学力不及，虽尽力为之，但疏漏之处，仍在所难免，望同行专家和读者斧正。

吴春萍

2021 年 7 月 28 日于长沙

目　　录

1 绪 论

1.1 研究电触头电弧侵蚀的背景及意义

电触头材料在高低压电器中担负着通断电流的作用，是电机和电器产品的核心元件，其性能直接影响这些产品的质量稳定性和使用寿命，被称为电器的"心脏"。电触头材料在工作过程中会受到机械磨损、环境化学腐蚀和电弧侵蚀三方面的共同作用[1]，其中电弧侵蚀对电触头材料影响最大[2]。电触头材料电弧侵蚀是指电极表面受电弧热流输入和电弧力的作用，使电触头材料以蒸发或液体喷溅、固态脱落等形式脱离触点本体的过程[3]。电触头受到电弧侵蚀后，会造成触头可靠性降低、电寿命缩短等不良后果。因此，电触头电弧侵蚀研究一直是电接触理论与电触头应用领域的重要方向。

电弧侵蚀是一种复杂的物理现象，同许多因素有关，如电气因素（电压、电流和负载）、材料因素（物理化学性质、制造工艺和添加物）、机械因素（触头形状和尺寸、电极间距、分断速度和电弧运动）和环境因素（温度、湿度、环境介质和压力）。因此，研究电弧侵蚀机理以及寻找决定电弧侵蚀过程的主要因素对电机电器产品设计有很大实际意义，不仅可以为合理选择电触头材料提供依据，达到提高电触头使用寿命和可靠性的目的，还可以为发展新的电触头材料提供技术支持和理论依据。

到目前为止，国内外对电弧侵蚀过程展开了大量的研究工作，提出了 4 种电弧侵蚀机理（Ag/Ni 系电触头的溶解沉淀效应[4]、Ag/C 系电触头的多孔疏松海绵体效应[5]、Ag/W 系电触头的骨架作用效应[6]Ag/MeO 系电触头的动力学特性效应[7]）和多种电弧侵蚀模型（如基于操作次数和电弧能量试验的侵蚀模型[8]、短路电弧热熔变化侵蚀模型[9]、基于微观粒子运动的侵蚀模型[10]、感性电路电弧侵蚀模型[11]、一维大电流电弧侵蚀模型[12]、三维触头加热电弧侵蚀模型[13]和喷溅侵蚀模型[14]等）。在电弧侵蚀数值模拟研究方面，国外进行研究最早是Robertson[15]、Nied 等人[16]，近年来 Swingler[17]、Borkowski[18]建立了电弧作用的唯象模型。国内主要是西安交通大学、华中科技大学、中南大学、昆明理工大学和北京邮电大学等从事该方面的研究。西安交通大学的王其平和荣命哲等采用有限差分法求解接触电阻焦耳热产生的温度场，计算结果与实验结果符合较好[19]；华中科技大学的吴细秀采用有限元方法进行计算和分析，建立了较好的电弧作用模型[20]。

由于电触头材料电弧侵蚀是多过程、多变量和多物理场耦合的结果，现有的电弧侵蚀模型虽然能很好地解释特定条件下的电弧侵蚀规律，但还是存在一定的局限性，如一维大电流电弧侵蚀模型考虑了电弧对电触头的加热作用，但却没有考虑作用力对电触头的影响；短路电弧热熔变化侵蚀模型能揭示电触头材料的热力学性质，却不适用于喷溅侵蚀或部分蒸发侵蚀；而三维电触头加热电弧侵蚀模型计算的只是电触头材料的熔化量而非喷溅量。众所周知，电弧侵蚀对电触头材料最直接的影响是使电触头材料表面结构和电接触物理现象发生变化，而电触头材料表面结构和电接触物理现象的变化又将反作用于后续的电弧侵蚀和电接触物理现象。因此，通过电弧侵蚀模拟试验研究电触头的电接触物理现象、表面结构和电弧侵蚀间的相互作用关系，剖析电弧侵蚀过程的本质，将有利于建立更符合实际电弧作用的电弧侵蚀模型。文献［9~20］中的电弧侵蚀模型都是基于数值模拟建模的，虽然基于操作次数和电弧能量试验的电弧侵蚀模型是基于电弧侵蚀试验建模，但只给出了操作次数和电弧能量与电弧侵蚀量间的关系，并未考虑电弧侵蚀与电触头材料表面结构和电弧熔池特性间的影响关系，到目前为止尚未发现基于电触头材料表面结构和电弧熔池特性的电弧侵蚀机理模型。

此外，现有银金属氧化物（Ag/MeO）系电触头电弧侵蚀机理主要体现在两方面：一是金属氧化物（MeO）的分解和升华消耗了大量电弧输入触头的能量，冷却了银基体，降低了电弧侵蚀；二是由于 MeO 以颗粒形式悬浮表面，提高了液态金属黏性，增加了银与 MeO 间的界面润湿性，减少了液态金属喷溅引起的损失。可见现有电弧侵蚀机理主要是基于 MeO 相和液态银间的相互影响关系建立的，未能阐述电弧侵蚀与触头材料表面结构间的相互影响关系。因此，从操作次数、电触头材料体系、电触头材料组元、电触头材料制备工艺等方面系统研究和剖析银基电触头材料的电弧侵蚀机理，将是一项具有重要理论价值和实际应用意义的研究工作。

1.2 电接触现象

电触头材料在工作过程中主要包括接通过程、接通状态和断开过程，在这些过程中将产生不同的电接触现象[21]。

1.2.1 接通过程

电触头材料在接通过程中发生的电接触现象包括电弧侵蚀和动熔焊。接通电路是电触头材料的重要功能之一。在接通过程中，当具有电位差的两个触点的距离非常接近时，间隙的气体被电离，由绝缘体变为导体，发生电弧放电，电触头材料产生局部高温乃至电弧侵蚀。同时，动、静电触头之间产生的碰撞还会引起机械磨损甚至弹跳，使电弧时间延长。这样，在电触头接通时会形成大的冲击电流，在短时间内对电触头材料发生连续、多次的作用，从而引起电触头材料的"动熔焊"。在接通过程中，电弧持续时间非常短。随着电触头间间隙缩短，由于间隙的预击穿而产生放电，使材料熔焊或蒸发，继而引起固态接触[22]。

1.2.2 接通状态

电触头材料在接通过程中发生的电接触现象是接触电阻的变化和静熔焊。在接通状态下，电触头材料是电路的一部分，起固定接触、承载电流、进行电能传递和信号传输的作用。因此，电触头材料应具有低而稳定的接触电阻且随环境变化不大。接触电阻产生的焦耳热效应严重时，会导致电触头材料发生熔化而引起电触头焊接在一起，称为"静熔焊"。当熔焊力超过一定值时，电触头无法分开，即电路应该断开时却不能顺利实现，引起电路不能或者延迟断开，造成断开失败[23]。

1.2.3 断开过程

电触头材料在断开过程中发生的电接触现象主要是电弧侵蚀。断开电路也是电触头材料的主要功能。如果供给电触头的电压与流过电触头的电流超过临界值，在电触头断开电路时就会引燃电弧。电触头从接触接通位置向断开的方向运动，接触力必然逐渐减小，实际导电面的面积也会逐渐减小，造成接触电阻增大。在接触面最后分离的瞬间，电阻产生的热量会集中至最后离开点的一个极小的范围内，使其温度迅速上升到金属的熔点乃至沸点，可能会引起爆炸式汽化；在电触头间隙充满高温金属蒸汽时，触点间会形成电弧，产生的电弧热力作用于电触头材料表面，使电触头材料发生相变、电弧侵蚀、转移、熔池飞溅等复杂的物理与化学过程。这些都会使电触头材料被电弧侵蚀及损耗，可能导致电触头材料电接触失效[24]。

1.3　分断电弧的产生过程及作用机理

1.3.1 电弧的产生

在闭合或分断电路时，由于电弧对电触头材料输入的能量产生热-力作用，使电触头表面熔化甚至气化，熔化了的金属在电磁搅拌力及机械力等的作用下以小液滴的形式从电触头表面熔池中喷溅出去，这就是电弧侵蚀。电弧侵蚀可分为接通电路过程及分断电路过程中的电弧侵蚀，接通电路时的电弧时间主要取决于电触头因反作用力而弹跳的持续时间；分断电路时电弧一般从触头分开的瞬间开始一直持续燃烧至分断过程结束。通常分断电路过程中的电弧侵蚀比接通电路过程中的电弧侵蚀要大得多。

图 1-1～图 1-3 所示为分断电路过程中的电弧产生示意图[25]。

根据分断过程中两电触头间发生的物理过程，可认为在分断过程中电弧的产生经历了 5 个阶段[26]。

（1）如图 1-1（a）所示，当两个电极开始逐渐分离时，它们之间的接触面积也随之逐渐缩小，此时电流集中在一个或几个导电斑点内通过，在导电斑点附近将会产生很大的收缩电阻热效应，可以使电触头表面金属发生熔融。

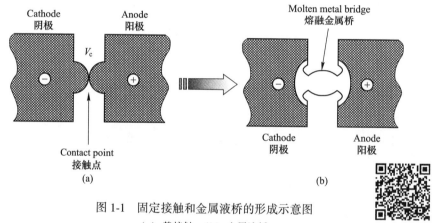

图 1-1 固定接触和金属液桥的形成示意图
（a）静接触；（b）金属液桥

扫一扫查看彩图

（2）随着两电极间距离的进一步增大，熔融的液态金属在两电极间被拉出，形成"金属液桥"现象。随着"金属液桥"直径减小，如图 1-1（b）所示，收缩电阻将会增加并导致温度急剧上升，当"液桥"的温度超过触头材料的沸点时，熔融金属开始汽化，"金属液桥"被拉断。

（3）"金属液桥"被拉断后，两极间电压迅速上升，金属蒸汽也迅速填充在两电极间隙中。阴极上的"凸丘"作为极强的阴极电子发射源——场电子发射（极间电场强度可达 $10^6 \sim 10^7 \mathrm{V/cm}$）和热电子发射（阴极发射斑点瞬间温度可达 5000K）成为电弧的弧根，从阴极发射出的电子在极间电场的作用下向阳极高速运动的运动过程中将不可避免地与金属原子发生非弹性碰撞，致其阳离子化而产生更多的电子，发生电子"雪崩"效应。此时金属蒸汽温度将急剧上升，电弧被点燃，形成金属电弧，如图 1-2 所示。在金属电弧阶段，在金属蒸汽中产生电弧，带电粒子主要是电子（从阴极尖峰发射出的和与金属原子发生非弹性碰撞产生的电子）、金属离子和金属原子。从电场获得能量的电子从阴极向阳极移动，将冲击阳极，导致电子喷溅。在阴极受电子冲击影响导致金属离子在阴极的沉积。因此，在金属气相阶段，材料的转移是从阳极到阴极。

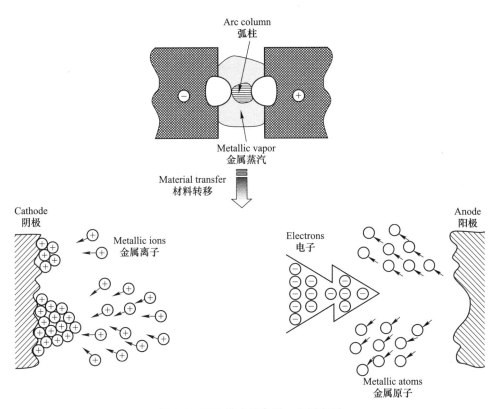

图 1-2　PSD 模式示意图：金属电弧

（4）随着两极间距离继续增大，金属阳离子一方面在电极间电场作用下不断沉积于阴极，另一方面也在向大气中扩散，导致两极间的金属蒸汽密度下降，两极间逐渐被大气填充。此时若存在足够的电压将大气击穿，将会产生大量的气体阳离子，可代替金属阳离子成为电弧导电的主体，形成气体电弧，如图 1-3
所示。在气体电弧阶段，起主导作用的主要是气体离子、气体分子/原子和金属原子。在此阶段，当气体离子轰击阴极时，气体离子发生喷溅，这种现象等同于在金属相阶段电子发生的喷溅。然后，由于相同颗粒间具有更高的结合力，喷溅颗粒（金属原子）有足够的能量转移至阳极并发生沉积。因此，在气

扫一扫查看彩图

体电弧阶段，材料转移是从阴极到阳极的。根据 PSD 模型，在电弧分断阶段，首先发生从阳极到阴极的材料转移（金属电弧），如果满足产生气体电弧的必要条件，将发生从阴极到阳极的材料转移（气体电弧）。所以每次断开操作，材料的净转移相当于发生在金属电弧和气体电弧过程中阴极和阳极上质量获得与损失的平衡。

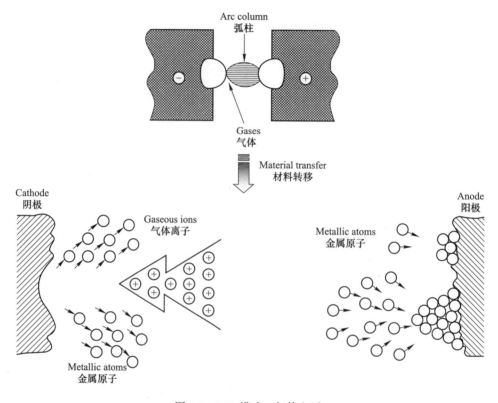

图 1-3 PSD 模式：气体电弧

（5）两极间距离进一步拉大，两极间电弧消失，电路被分断，久而久之，电极间的间距增加，由于缺少电子发射或电源供应，放电过程不足以产生正负离子，最终导致电弧熄灭。因此，如果满足必要条件，开断电弧首先产生金属蒸汽，接着发生从金属相到气相的转移，最后结束。必须注意的是，如果在初始阶段

扫一扫查看彩图

或电弧阶段，即使供应电源或有足够的电子发射，电弧也不会产生或产生后立即熄灭。最后，在电触头材料一次断开操作过程中，电弧侵蚀是电极触头材料蒸发损失（主要是金属相电弧）—电极触头材料颗粒喷溅损失—电极触头材料喷溅或蒸发沉积共同作用的结果。

1.3.2 电弧的作用机理

1.3.2.1 电触头材料的物理冶金过程

电触头材料受到电弧能量输入后的物理冶金过程主要有加热（软化）—相变（熔化、汽化）—流动—凝固等几个阶段[27]。

在电弧能量作用下电触头表面过渡区温度迅速攀升至电触头材料的熔点成为熔化区，在该能量的继续作用下，熔化区有可能汽化，产生汽化前沿界面，同时固体区液化界面继续向前流动。因而当电弧作用到一定时间后，电触头表面可能同时存在汽化和液化两个界面。熄弧后，触头材料物相则向相反方向变化，即由气体、液体变成固体。

对于电弧侵蚀过程而言，熔化和汽化是影响电触头材料侵蚀量的主要相变过程。电触头表面熔池中的熔化金属在电磁搅拌力及机械力等的驱动下，以一定的速度流动，当驱动力足够时甚至以小液滴形式喷溅出去，造成较大的材料损耗。而汽化则主要以蒸发和沸腾两种形式进行。

1.3.2.2 电触头材料电弧侵蚀模式

银基电触头材料的电弧侵蚀模型可分为液态喷溅侵蚀和蒸发侵蚀两种[28]。液态喷溅侵蚀是指在电弧能量的作用下，电触头材料表面微区熔化形成液池，在各种力的作用下，液池内的熔融金属以微小液滴的形式飞溅，离开电触头本体。蒸发侵蚀是指在电弧能量的作用下，电触头表面材料发生固-液、液-气相变，以蒸发的形式离开电触头本体。其中液态喷溅侵蚀可分为中心喷溅侵蚀和边缘喷溅侵蚀；蒸发侵蚀可分为区域选择性侵蚀和组元选择性侵蚀。在电触头材料中，由于晶界区域的材料结构疏松，界面结合力较弱，且晶界部分具有高浓度的杂质尤其是第二组元的集聚，使其成为优先受到电弧能量作用的区域，这种选择某些区域进行优先侵蚀的行为称为区域选择性侵蚀。在电触头材料中，由于各组元热稳定性不同，从而造成在电弧能量作用下电弧侵蚀顺序的不同，这种优先侵蚀热稳定性低组元的现象称为组元选择性侵蚀。对液态喷溅侵蚀而言，电流较小时，液池中心受到压力，边缘突起形成与轴线成较大角度的边缘喷溅侵蚀；电流较大时，液池中心受拉力，边缘受挤压形成与轴线成较小角度的中心喷溅侵蚀，中心喷溅的侵蚀程度比边缘喷溅更严重。

1.3.2.3 银基电触头材料电弧作用下的失效机理

A Ag/Ni 系电触头的溶解沉淀效应

Ag/Ni 电触头材料早在 1939 年就应用于大负荷继电器中。粉末冶金银镍电触头材料熔焊性和耐电弧侵蚀性好，接触电阻低而稳定，而且易于加工变形，因而在中等负载领域得到了广泛应用。Ag/Ni 体系在温度极高时，Ag 和 Ni 相互溶解度增加。高温下镍可以大量溶解于弧根处产生的银熔体中，冷却后沉积于银基体中形成均匀弥散分布的银镍合金，降低材料的侵蚀率，而且冷却时会在触头表面形成富 Ni 区及其氧化物。因此，Ag/Ni 系电触头材料的电弧侵蚀过程中溶解沉积效应起着决定性作用：一方面，电弧与电极的相互作用过程中，由于洛仑磁力的旋转部分和液池中温度梯度引起的表面张力梯度共同作用形成液池速度场，当流速超过一定值时即会以小液滴形式喷溅出去；另一方面，熔融银与镍构成的分散体系中，由于液态金属间的黏度，将会减小液态金属的喷溅，而且黏度越大，因喷溅引起的材料损耗越小[29]，因此当 Ni 含量增加时会使接触电阻增加，耐电弧侵蚀性能降低。Ag/Ni 电触头熔焊区形成的机理是：电触头接通灯负载时受到浪涌电流影响会产生弹跳，形成熔桥和电弧，由于电弧很短，产生的热量几乎完全传输给触头，在接触部位形成熔焊区。熔池温度高，四周又被相对较冷的金属所包围，因此熔池内外存在很大的温度梯度，熔池金属以很大的速度凝固结晶，在两触头的接触部位形成潜在的焊接点，当焊接点的熔焊力大于触头分断力时，就造成触头熔焊。

B Ag/C 系电触头的多孔疏松海绵体效应

Ag/C 系电触头材料在滑动触头应用方面已有很长的历史[30]。这类材料具有高的熔焊性和低而稳定的接触电阻，其主要缺点是磨损大、电弧侵蚀率高、灭弧性能差。Ag/C 系电触头电弧侵蚀的主要机制在于石墨与大气中氧的作用。石墨的主要作用是阻止触头的黏接和熔焊，且不易形成任何绝缘物。在被加热的高温弧柱区域，碳粒显著燃烧形成 CO 气体，并逸出触头，从而在触头表面形成多孔疏松的富银层，故 Ag/C 电触头材料在工作过程中始终保持较低的接触电阻。表面的疏松多孔使得无论纤维方向是与接触面平行还是垂直，都有良好的抗熔焊性。纤维方向与接触面平行的 Ag/C 电触头材料具有更强的抗熔焊性和更大的材料电弧侵蚀率。石墨虽具有稳定电弧的倾向，但在空气中的热稳定性差，因而造成 Ag/C 系电触头材料的电弧侵蚀率高。电弧对 Ag/C 电触头造成的破坏几乎是在整个电触头表面且均匀分布的，会在阳极触头表面形成金属小丘，阴极触头表面形成网状的银墙，这些凸墙的柱状颗粒是由电触头本体金属固化而来的[31]。当弧根在一个石墨颗粒上趋于稳定时，周围的银被熔化并在弧柱产生的压力下向周边凸起，而当电弧熄灭或运动到新的地方后，热量向电触头本体传走，凸起的熔化金属便立即固化[32]。另外，石墨颗粒大小对熔焊性能也有影响，粗粒石墨比细粒石墨电触头的熔焊力大，因为粗粒石墨之间空间较大，电触头表面银较多，造成金属与触头本体黏接的面积较大。

C Ag/W 系电触头的骨架作用效应

Ag/W 电触头材料具有良好的导电导热性、耐电弧侵蚀性、抗熔焊性等优点，其缺点是接触电阻不稳定。Ag/WC 电触头材料利用了 Ag 良好的导电、导热性，而 WC 的加入，能延长电弧燃烧的时间，从而提高电触头的抗熔焊性。Ag/W 电触头材料电弧侵蚀的主要机制是 W 的骨架作用。当电弧高温作用于 Ag/W 电触头时，已熔化的银被骨架的毛细管吸引，只能在高温下汽化，造成大量银的电弧侵蚀，同时汽化的作用使钨粒子的温度低于其熔点，钨微粒被烧结在一起，形成可限制液态银流动的骨架，从而使得 Ag/W 具有较高的抗熔焊性和耐磨损性。钨颗粒的尺寸对 Ag/W 电触头材料的电弧侵蚀性能有一定的影响，只有当钨颗粒具有一定的粒度大小和粒度组成时，才能形成理想的骨架结构，形成既有牢固相互连接的钨粒子构成的网络又有光滑表面的开口毛细孔[33]。此外，保持适当的 Ag 含量，既能使电弧侵蚀过程中熔池液体有黏性以减轻液滴喷溅，又可以防止裂纹产生[34]。

D Ag/MeO 系电触头的动力学特性效应

有两种电弧侵蚀机制存在于 Ag/MeO 电触头材料的电弧侵蚀中。一种是 MeO 的分解和升华，该行为可消耗大量的电弧能量，从而减少由于蒸发效应引起的电弧侵蚀；但同时也将造成 MeO 组元的持续减少，从而使得电触头材料在长期使用过程中抗熔焊性与耐电弧侵蚀性变差。通过 MeO 的分解和升华的电弧侵蚀机制的典型代表为 Ag/CdO 电触头材料[35]。另一种是具有高的热力学稳定性 MeO 组元或添加剂以微粒形式悬浮于熔融态液池内，不仅可提高液态金属的黏度，也可增加液态金属的表面张力，从而降低形成大面积液池的可能性，减少喷溅侵蚀的可能性。通过 MeO 粒子悬浮于熔融态液池内的电弧侵蚀机制的典型代表为 Ag/SnO_2 电触头材料[36]。

1.4 电弧侵蚀的影响因素

影响电触头材料电弧侵蚀的因素很多（见图 1-4），大致可以分为电气因素、材料因素、机械因素和环境因素。

1.4.1 电气因素

（1）电流。电流是电触头材料产生电弧侵蚀的根本原因，电流越大，则电弧时间越长，电弧能量越高，电极侵蚀量也越大[37,38]。

（2）负载电压。负载电压对电触头材料电弧侵蚀的影响体现在其决定了何种电弧占主导地位。负载电压越大，气态电弧持续时间越长。由于气态电弧的持续时间决定了电弧的持续时间，因此可认为负载电压的增加会使电触头材料电弧侵蚀程度增加[39]。

（3）负载类型。储能元件类型不同，电触头材料电弧能量也不同。通常认为灯负载条件下电触头材料转移程度最严重，阻性负载次之，感性负载最低[40]。

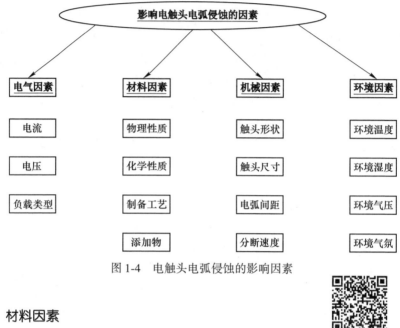

图 1-4　电触头电弧侵蚀的影响因素

1.4.2　材料因素

（1）材料性质。电触头材料性质决定了电触头抗电弧侵蚀的能力。高的热传导性可使热量尽快传输

扫一扫查看彩图

到电触头底座；高的熔化、汽化、分解潜热和比热可使产生电弧的趋势降低；较高的化学电位可使材料具有稳定的化学性质并抵抗侵蚀气体带来的损耗[41,42]。

（2）制备工艺。不同制备工艺可制备具有不同组织和物理性能的电触头材料。例如内氧化法制备的电触头材料密度和硬度就比粉末冶金法生产的高，晶粒更细、分散性更好、结构更合理[43]。

（3）添加物。在材料领域，在制造过程中加入添加物是改善材料的某些性能，或解决工艺上的某个难题，可以采用的有效措施，对触头材料也一样。为了改善 Ag 基体与第二相粒子的润湿能力，通常在银基电触头中加入添加剂，从而减小电触头材料的侵蚀量[44~46]。

1.4.3　机械因素

（1）触头尺寸。电触头尺寸越大，越有利于电弧能量的发散和电弧的运动[47]。

（2）电极间距。电触头两电极间距越大，电弧传播途径越长，电弧能量损失也就越多，但是两电极间距越大也意味着电弧电压越高，电弧能量也越大。因此，电触头两电极间距尺寸应与电触头尺寸相配合，二者比值越小越有助于降低电触头材料的电弧侵蚀[48]。

（3）分断速度。电触头的分断速度可影响电弧时间。分断速度越大，电弧时间越小[49]；分断速度还可影响电弧运动速度，分断速度越大，电弧在触头表面运动也越快，电弧侵蚀量也越小[50~52]。

1.4.4　环境因素

环境因素包括环境的温度、湿度、环境气压和周围气体等。气压下降，则电触头上电弧起始停滞时间和边缘停滞时间都增大，电触头的电弧侵蚀量也随之增大。环境中的氧浓度也会对电触头电弧侵蚀过程中的电弧时间产生影响[53]。将电触头置于不同的气体介质中，会因周围气体与材料蒸发物发生的化学反应不同而导致电触头材料的电弧侵蚀量不同。

1.5　银基电触头材料电弧侵蚀的研究进展

1.5.1　Ag/Ni 电触头材料

Ag/Ni 电触头材料由于具有良好的导电、导热和焊接性能，接触电阻低而稳定，加工性能优异等优点，普遍应用于对接触电阻、温升要求较苛刻的中小电流等级的继电器、接触器、微动开关等低压电器中。但在大电流或高温下，Ag/Ni 电触头材料很容易发生熔焊。为了改善 Ag/Ni 电触头材料的抗熔焊性，很多研究者对 Ag/Ni 电触头材料的电弧侵蚀性能展开了研究。Yoshida 研究了电压对电磁接触器用 Ag/Ni 电触头电弧特征[54]、电弧持续时间[55]以及电弧侵蚀率[56]的影响。Morin 等发现 Ag/Ni 电触头材料在灯和 14V DC 的电阻负载和电流范围从 10~70A 时具有高的局部材料转移[57]。Kawakami 等人讨论了根据电极质量损失和电弧能量数据预测电磁接触器用 Ag/Ni 电触头电寿命的可能性[58]。Doublet 研究了阻性载荷下，电流为 10~90A 时 Ag/Ni 电触头的电弧侵蚀、熔焊趋势和熔焊力[59]。Luo 研究了机械合金化法制备 Ag/Ni 电触头的电弧侵蚀特征[60]。Liu 发现在高电弧能量下，Ag/Ni 电触头的焊接电阻较差[61]。李玉桐发现化学包覆法制备的 Ag/Ni(10)电触头抗电弧侵蚀性要优于粉末冶金工艺制备的 Ag/Ni(10)电触头[62]。黄光临研究发现，化学共沉淀法制备的 Ag/Ni(10)电触头具有较强的抗熔焊性能[63]。颜小芳研究发现添加脆性材料可以改善 Ag/Ni(10)电触头的电性能[64]。陈力研究发现添加稀土元素可以改善 Ag/Ni(10)电触头的性能[65]。李恒研究发现要改善 Ag/Ni(10) 电触头间的材料转移，不仅要考虑电触头材料本身的特性，还需要考虑电触头间的配比问题[66]。谭志龙研究了 Ag/Ni(10) 电触头在低压直流单次断开操作下的电弧侵蚀机制和电弧侵蚀模式，结果表明电弧侵蚀斑面积与加载电流成线型关系[67]。李靖研究了 Ag/Ni 电触头在 50Hz 和 400Hz 下的电弧侵蚀行为，结果表明 Ag/Ni 电触头在 400Hz 下的抗熔焊性好，在 50Hz 下的抗电弧侵蚀性好[68]。李素华分析了 Ag/Ni 电触头在电弧作用下电弧能量、电弧时间和熔焊力的变化，结果表明由化学共沉淀法制备的 Ag/Ni(10) 电触头材料的电弧时间随电弧能量的增高而延长[69]。郑新建研究了 Ag/Ni 电触头的电弧侵蚀形貌和形成机理。结果发现电弧作用后在触头表面出现了 8 种不同的电弧侵蚀形貌特征[70]。目前，关于 Ag/Ni 电触头电弧侵蚀后熔池内元素分布及其形成机理的报道还比较少。

1.5.2   Ag/MeO 电触头材料

银金属氧化物（Ag/MeO）电触头材料由于具有优良的开关运行特性而广泛用于低压电器中。其中银氧化镉（Ag/CdO）电触头材料因具有良好的耐电弧侵蚀性、抗熔焊性、低而稳定的接触电阻以及良好的加工性能被誉为"万能触头"。由于 Ag/CdO 材料的生产、使用、回收全过程中都存在镉元素及其化合物污染问题（即"镉毒"污染），其产品和应用受到日益严格的限制，在欧美日等工业发达国家甚至已被明令禁止生产和销售[71]，因此，研究和开发环保无镉电触头材料成为电触头材料工作者的关注重点。目前，银氧化锡（Ag/SnO$_2$）是公认最有希望替代 Ag/CdO 的一种环境友好型电触头材料[72~74]。Ag/SnO$_2$ 电触头材料具有高强、高导电及优良导热性能，制备方便且氧化物颗粒弥散均匀，逐渐成为当前国内外电工材料领域的研究热点。电弧侵蚀是影响电触头材料使用性能的关键，为了了解 Ag/MeO 电触头材料的抗电弧侵蚀性和电弧侵蚀机理，国内外学者对 Ag/MeO 电触头材料的电弧侵蚀行为展开了研究。Pearce[75] 研究了运输电流基质对 Ag/SnO$_2$ 电触头电性能的影响，结果表明，接触弹跳力的增加、黏结方法的选择和黄铜合金的采用，都能影响 Ag/SnO$_2$ 电触头在 AC4 条件下的电寿命。Swingler[76] 对比分析了 Ag/CdO 和 Ag/SnO$_2$ 电触头材料在直流断开条件下的电弧特征和电弧侵蚀行为，结果表明，金属氧化的类型对于电触头材料在断开操作过程中的电弧特征及电弧侵蚀有重要影响；在特定电流下断开，Ag/CdO 和 Ag/SnO$_2$ 电触头材料显示出不同的电弧侵蚀和沉积特征，而电触头材料的电弧侵蚀和沉积量又与电弧能量、电弧持续时间密切相关。Ren[77] 设计了一台自动测试实际尺寸铆钉电阻率的装置，并测试了 Ag/CdO 铆钉在不同接触力下电压与电流的特征；同时，研究了不同电流及加载和未加载条件下 Ag/CdO 电触头载荷与接触电阻间的关系；进一步分析了 Ag/CdO 铆钉表面粗糙度和清洁度对电触头接触电阻的影响。结果表明，接触电阻的影响因素不仅包括电触头材料的物理性能、接触类型（圆形-平，平-平）、接触表面状态（清洁、污染），而且还包括测试过程中的接触电流和机械载荷。Wan[78]研究了Ag/MeO电触头在断开电弧作用下调节态和准稳态的组织和成分。研究结果表明，孔洞（在接触表面上的坑和气孔）可能会由电弧产生；熔池液态黏度严重影响了孔洞的形状；黏度越低形成的坑越多，黏度越高形成的气孔越多；随着操作次数的增加，电触头材料经历了两个阶段（调节态和准稳态）。在初始阶段电触头材料质量损失严重，接着质量损失减少，一定操作次数以后，电触头材料质量损失几乎保持稳定。调节态和准稳态两个阶段，都是由于电触头接触表面层的组织和成分发生相变引起的电弧侵蚀。电弧侵蚀模型主要取决于 Ag 和第二组元的原始比例以及表面动力学。Jemaa[79]研究了载荷和断开速度对纯银、银合金和银金属氧化物电触头电弧持续时间的影响。结果表明，感应载荷会使电触头材料的电弧持续时间增加；在阻性和灯载下，金属氧化物电触头材料具有比银合金和纯银更长的电弧持续时间；此外，在感性载荷下，电弧持续时间随开断速度的增加而呈平方根减少；但是，在阻性载荷和高电流下，电弧持续时间随开断速度的增加呈线性减少。Devender[80]研究了 Ag/CdO 和 Ag/SnO$_2$ 电触头在商用接触器上的电弧侵蚀行为，他们发生在 AC4 条件下，如果用 Ag/SnO$_2$ 代替接触器，则用于 Ag/CdO 的接触器会有较高的电弧侵蚀，反之亦然。Wintz[81]发现 Ag/SnO$_2$ 电触头在低电流下，具有高而不稳定的接触电阻。他通过改变焊接方法降低 Ag/SnO$_2$ 的接触电阻，从而改进了一个 18.5kW 的接触器。Yang[82]对复合电触头在直流继电器电寿命测试中的热效应进行了模拟和实验研究。结果表明，Ag/MeO 层的厚度对于动触头结合区域的温度和应力分布有重要影响；在相同电流下，随着 Ag/MeO 层厚度的增加，复合电触头更容易出现卷曲和裂纹。Slade[83]研究了 Ag/CdO 和 Ag/SnO$_2$ 电触头在高温下（800~1240℃）重金属的释放效应。结果表明，Cd 会从 Ag/CdO 电触头中释放出来，但是即使在 1240℃，也只有 8%Cd 释放出来；相同条件下，Ag/SnO$_2$ 电触头不会释放出 Sn，但是加热的电触头上有少量的 Ag。Francisco[84]研究了摩托载荷下不同 Ag/SnO$_2$ 电触头材料的接触性能。结果表明，含 Cu$_2$O 的 Ag/SnO$_2$ 电触头材料的抗电弧侵蚀性要优于 Ag/CdO 和其他 Ag/SnO$_2$ 电触头材料，其主要原因是材料的化学性质不同。Jeannot[85]研究了常用添加剂对 Ag/SnO$_2$ 电触头材料电性能的影响。结果表明，不改善 Ag 和 SnO$_2$ 润湿性，也不与 SnO$_2$ 或 Ag 发生反应的添加剂对 Ag/SnO$_2$ 电触头的电性能没有改善；降低 Ag 和 SnO$_2$ 间润湿角，使得熔融 Ag 和 SnO$_2$ 更润湿的添加剂改善了 Ag/SnO$_2$ 电触头的电性能；增加 Ag 和 SnO$_2$ 间润湿角，使得熔融 Ag 和 SnO$_2$ 更加不润湿的添加剂恶化了 Ag/SnO$_2$ 电触头的电性能。孙明[86]研究了 Ag/MeO 电触头材料和电弧间相互作用的模型，分析了电触头材料热力学性能、结构性能以及电弧侵蚀过程中电弧驱动力对电弧侵蚀的作用，给出了一个用来表达电弧-电极间相互作用过程中热-力函数的侵蚀模型。Weise[87]采用一个简单的热力学模型分析了 Ag/CdO 和 Ag/SnO$_2$ 电触头材料的电弧侵蚀。结果表明，当电弧能量低于 20kJ/mol 时，模型中银未达到熔点，Ag/MeO 触头材料的电弧侵蚀与氧化物类型关系不大；当电弧能量大于 40kJ/mol 时，增加的电弧能量促进了氧化物升华过程，降低了温升。

电弧侵蚀对电触头材料的影响主要表现在质量发生转移和表面结构发生变化，表面结构的变化又将反作用于电弧侵蚀。如何应用合适的表征技术，实时追踪和观察电触头材料质量转移量及表面结构变化，已成为探索电触头材料电弧侵蚀过程和机理的关键。电触头材料常规质量变化测量在有些情况〔（1）操作次数很低，质量变化很小；（2）材料从阴极转移至阳极，但由于电弧持续时间延长，材料又从阳极转移到阴极〕下很难真实给出电触头材料在单个铆钉上的材料转移量；另外，常规二维形貌检测方法（扫描电镜）很难真实地表征电触头材料侵蚀表面轮廓和体积侵蚀的变化。三维形貌检测仪不仅可以给出电触头材料的三维表面宏观形貌，还能测量出电触头材料电弧侵蚀后的表面轮廓、形状和位置偏差，具有较高的横向和纵向分辨率，且有较大的测量纵深和测量范围，为电触头材料电弧侵蚀表面结构研究（三维形貌、表面轮廓和体积侵蚀）提供了可能。目前，三维形貌检测方法有机械触针法、扫描激光显微镜（SLM）、扫描隧道显微镜（STM）、原子力显微镜（AFM）和三维光学轮廓仪（3DOP）。Hasegawa 指出 STM 和 AFM 虽有较高的空间分辨率，但由于它们在 Z 轴方向的移动距离有限，不适合评估电触头材料侵蚀表面[88]。三维光学轮廓仪通过对表面各点的零光程差位置的测量来获得各点的相对高度，可重新构造被测物体表面三维轮廓。早在 1996 年，MeBride 就指出三维光学轮廓仪可以用来观察电触头材料的电弧侵蚀形貌和测量电弧侵蚀表面轮廓及体积侵蚀[89]。Swingler 采用三维光学轮廓仪观察了 Ag/SnO$_2$ 电触头材料电弧侵蚀形貌并测量出了阴、阳极电触头的体积变化[90]。因此，三维光学轮廓仪可为实时追踪和观察电弧侵蚀表面结构变化提供技术保障。电弧侵蚀对材料最直接的影响是材料表面结构的变化，而材料表面结构变化又会反作用于电弧侵蚀和电接触物理现象。可见对电接触物理现象和侵蚀表面结构的深入研究是寻找决定电弧侵蚀过程主要因素和探索电弧侵蚀机理的前提。因此，如何采用合适的研究手段实时追踪和表征电弧侵蚀过程中电接触物理现象和侵蚀表面结构的变化是研究取得成功的关键。

1.6　当前需要研究的内容

银基电触头材料因价格适中，具有良好的导电性、加工性及抗氧化性，且耐电磨损性和抗熔焊性较好，接触电阻低而稳定，在电接触材料中得到广泛应用

（主要是轻重负荷的电器）。电弧侵蚀是制约电触头寿命和开关电器产品可靠性的关键问题。目前研究者对银基电触头材料的电弧侵蚀展开了大量研究，也取得了一些可喜的成果，但是针对银基电触头材料电弧侵蚀过程中电接触物理现象（电弧能量、电弧时间和熔焊力）、电弧侵蚀率、电弧侵蚀形貌和熔池特性变化规律和影响因素方面的研究仍相对滞后，仍有许多重要的问题和现象没有得到深入研究和合理解释。例如，（1）在电弧侵蚀过程中，合金元素及含量、制备工艺和操作次数是如何影响电弧能量、电弧时间、电弧侵蚀率、电弧侵蚀形貌、熔池特性的？（2）电弧侵蚀过程中，电弧能量与电弧时间之间存在什么样的影响规律？（3）不同合金组元的银基触头材料的电弧侵蚀机制有什么不同？等等。

　　本书是国家自然科学基金项目和湖南省自然科学基金项目的一部分，旨在借助 Minitab 软件、三维光学轮廓仪、扫描电镜、电子探针等试验手段，深入研究银基电触头材料（Ag/Ni、Ag/ZnO、Ag/CuO、Ag/CdO、Ag/SnO$_2$、Ag/SnO$_2$In$_2$O$_3$）电弧侵蚀过程中的电接触物理现象和表面结构；系统分析银基电触头材料在不同工作条件下的电弧侵蚀过程；详细讨论银基电触头材料电弧侵蚀过程的本质和机理；为探索银基电触头材料电弧侵蚀的共性规律提供科学依据，同时为设计和改善银基电触头材料的抗电弧侵蚀性能提供技术支持。

　　本书研究内容包括以下几个方面：

　　（1）通过对银基电触头材料电弧侵蚀过程中电接触物理现象（电弧能量、电弧时间、熔焊力、温度和电阻率）的分析，研究操作次数、制备工艺、合金组元及含量对银基电触头材料电接触物理现象的影响规律，并探讨电弧作用过程中电弧能量和电弧时间之间的相互作用规律。

　　（2）通过对银基电触头材料电弧侵蚀过程中电弧侵蚀率的分析，探讨操作次数、制备工艺、合金组元及含量对银基触头材料电弧侵蚀率的影响规律。

　　（3）通过对银基电触头材料电弧侵蚀过程中电弧侵蚀形貌的分析，探讨操作次数、制备工艺、合金组元及含量对银基触头材料电弧侵蚀形貌的影响规律。

　　（4）通过对银基电触头材料在电弧侵蚀过程中，电接触物理现象、电弧侵蚀率和电弧侵蚀形貌的系统研究，揭示银基电触头材料的电弧侵蚀机理和影响规律。

　　本书研究路线如图 1-5 所示。

　　本书中研究采用的银基铆钉触头，其金相显微组织如图 1-6 所示，制备工艺流程如图 1-7~图 1-10 所示，主要性能指标见表 1-1。

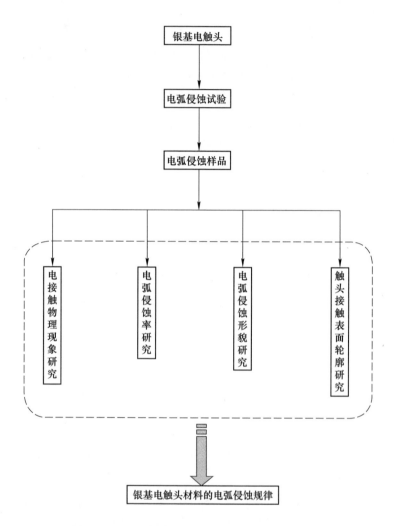

图 1-5 银基电触头电弧侵蚀行为及机理研究路线

扫一扫查看彩图

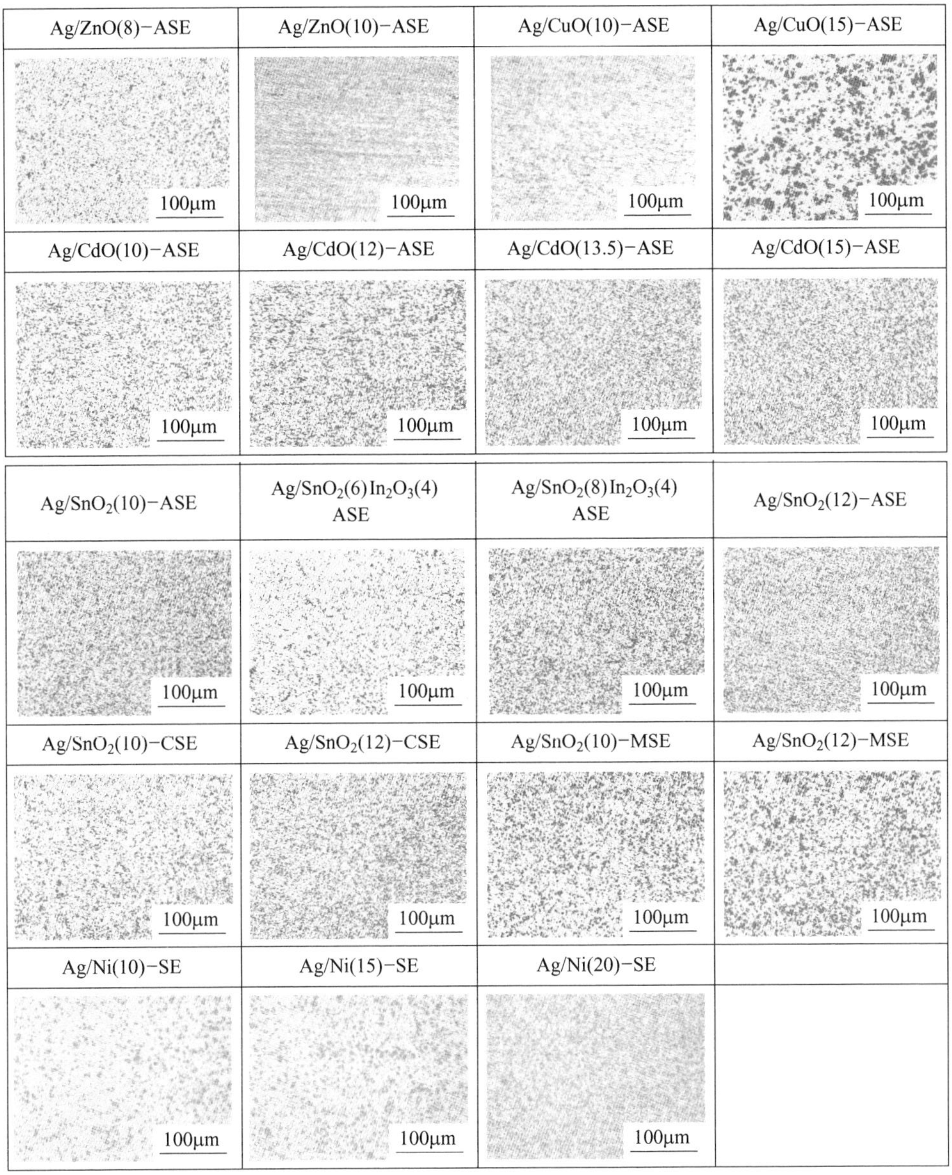

Ag/ZnO(8)−ASE	Ag/ZnO(10)−ASE	Ag/CuO(10)−ASE	Ag/CuO(15)−ASE
100μm	100μm	100μm	100μm
Ag/CdO(10)−ASE	Ag/CdO(12)−ASE	Ag/CdO(13.5)−ASE	Ag/CdO(15)−ASE
100μm	100μm	100μm	100μm
Ag/SnO$_2$(10)−ASE	Ag/SnO$_2$(6)In$_2$O$_3$(4) ASE	Ag/SnO$_2$(8)In$_2$O$_3$(4) ASE	Ag/SnO$_2$(12)−ASE
100μm	100μm	100μm	100μm
Ag/SnO$_2$(10)−CSE	Ag/SnO$_2$(12)−CSE	Ag/SnO$_2$(10)−MSE	Ag/SnO$_2$(12)−MSE
100μm	100μm	100μm	100μm
Ag/Ni(10)−SE	Ag/Ni(15)−SE	Ag/Ni(20)−SE	
100μm	100μm	100μm	

图 1-6 银基电触头材料的金相显微组织

扫一扫查看彩图

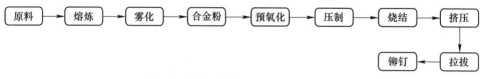

图 1-7   雾化+烧结（ASE）工艺流程

图 1-8   化学+烧结（CSE）工艺流程

图 1-9   机械金化+烧结（MSE）工艺流程

图 1-10   混粉+烧结（SE）工艺流程

扫一扫查看彩图　　　扫一扫查看彩图　　　扫一扫查看彩图　　　扫一扫查看彩图

表 1-1   银基电触头铆钉制备工艺和主要性能指标

序号	材　料	制备工艺	密度 /g·cm⁻³	电阻率 /μΩ·cm	硬度 HV0.3	抗拉强度 /MPa	延伸率 /%
1	Ag/ZnO(8)	ASE	9.74	2.19	93	290	20
2	Ag/ZnO(10)	ASE	9.65	2.25	90	279	20
3	Ag/CuO(10)	ASE	9.8	2.0	80	245	30
4	Ag/CuO(15)	ASE	9.51	2.26	81	250	18
5	Ag/CdO(10)	ASE	10.1	2.01	90	290	20
6	Ag/CdO(12)	ASE	10.14	2.08	92	302	15
7	Ag/CdO(13.5)	ASE	10.05	2.14	94	300	15
8	Ag/CdO(15)	ASE	10.05	2.14	92	290	20
9	Ag/SnO₂(10)	ASE	9.97	2.04	97	297	20

序号	材料	制备工艺	密度 /g·cm⁻³	电阻率 /μΩ·cm	硬度 HV0.3	抗拉强度 /MPa	延伸率 /%
10	Ag/SnO$_2$(6)In$_2$O$_3$(4)	ASE	9.94	2.4	115	367	18
11	Ag/SnO$_2$(8)In$_2$O$_3$(4)	ASE	9.83	2.3	107	310	18
12	Ag/SnO$_2$(12)	ASE	9.85	2.3	105	310	18
13	Ag/SnO$_2$(10)	CSE	9.92	2.10	90	280	17
14	Ag/SnO$_2$(12)	CSE	9.88	2.20	90	280	15
15	Ag/SnO$_2$(12)	MSE	9.74	2.22	80	230	18
16	Ag/SnO$_2$(10)	MSE	9.84	2.25	80	234	17
17	Ag/Ni10 SE	SE	10.27	1.88	95	350	13
18	Ag/Ni15 SE	SE	10.27	1.90	92	310	13
19	Ag/Ni20 SE	SE	10.18	2.02	92	350	13

　　本书研究中采用小容量 ASTM 触头模拟动作与电性能测试系统（见图 1-11）对银基电触头材料进行通断试验，利用电性能测试系统获取每次通断试验的电弧能量、电弧时间、熔焊力、电阻率和温度等参数，得到电触头材料的电接触物理现象数据。表 1-2 为本书中电弧侵蚀试验条件参数。

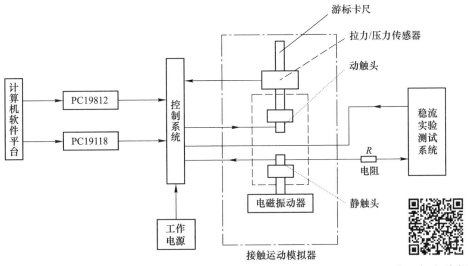

图 1-11　电弧侵蚀模拟实验设备　　　　　　　　扫一扫查看彩图

表 1-2 电弧侵蚀试验条件

电压	DC 19V
电流	20A
负载	感性
占空比	20%
操作次数	1000、3000、5000、10000、20000、30000、40000、50000
电源类型	直流
接触压力	0.98N
气氛	空气
触头开距	2mm

本书电弧侵蚀试验涉及两种方案，一个方案为：银基电触头铆钉只进行 50000 次的通断操作，其接触方式和触头形状如图 1-12（a）所示；另一个方案 为：同一种银基电触头铆钉分别进行了不同次数（1000 次、3000 次、5000 次、 10000 次、20000 次、30000 次和 40000 次）的通断操作，触头接触方式和形状如 图 1-12（b）所示。

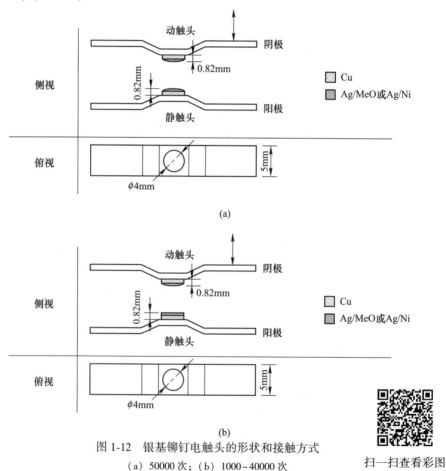

图 1-12 银基铆钉电触头的形状和接触方式

（a）50000 次；（b）1000~40000 次

扫一扫查看彩图

参 考 文 献

[1] 吴细秀，狄美华，李震彪，等 . 电触头侵蚀研究概述 [J]. 低压电器，2003 (5)：6-11.

[2] 王其平 . 电器电弧理论 [M]. 北京：机械工业出版社，1992：100-103.

[3] Gray E W，Pharney J R. Electrode erosion by particle ejection in low-current arcs [J]. Journal of Applied Physics，1974，45 (2)：667-671.

[4] 李靖，马志瀛，黄绍平 . 50Hz 和 400Hz 下银镍合金触头材料电弧侵蚀研究 [J]. 电工技术学报，2010，52 (8)：1-5.

[5] 余海峰 . 新型 Ag/C 电接触材料制备及其性能研究 [D]. 上海：上海大学，2005.

[6] 孟繁琦，高家诚，王勇，等 . 银钨触头材料的制备工艺及使用性能 [J]. 材料导报，2006 (20)：321-324.

[7] 郭凤仪，王其平，孙鹤旭，等 . 矿用开关 Ag/MeO 触头材料电弧侵蚀机理研究 [J]. 煤炭学报，1997，22 (3)：317-319.

[8] Walczuk E，Arc erosion of high current contacts in the aspect of CAD of switching devices [C]. Proceedings of the 37th IEEE Holm Conference on Electrical Contacts Chicago，IL，USA，1992：1-16.

[9] Zhou X，Heberlein J，Pfender E. Model predictions of arc cathode erosion rate dependence on plasma gas and on cathode material [C]. Proceedings of the 39th IEEE Holm Conference on Electrical Contacts. 1993：229-235.

[10] Weaver P M，Pechrach K，McBride J W. The energy of gas flow and contact erosion during short circuit arcing [J]. IEEE Transaction on Components and Packaging Technology，2004，27 (1)：51-56.

[11] Kharin S N，Nouri H，Davies T. Influence of Inductance on the arc evolution in Ag/MeO electrical contacts [C]. Proceedings of the 48th IEEE Holm Conference on Electrical Contacts. 2002：108-119.

[12] Nakagawa Y，Yoshioka Y. Theoretical calculation of the process of contact arc erosion using a one-dimensional contact model [J]. IEEE Transactions on Components，Hybrids，and Manufacturing Technology，1978 (1)：99-102.

[13] Chabreie J P，Devautour J，Teste P. A numerical model for thermal processes in an electrode submitted to an arc and its experimental verification [C]. Proceedings of the 37th IEEE Holm Conference on Electrical Contacts. Chicago，IL，USA，1992：65-70.

[14] 吴细秀 . 开关电器触头材料喷溅侵蚀模型研究及其试验 [D]. 武汉：华中科技大学，2005.

[15] Robertson S R. A finite element analysis of the thermal behavior of contact [J]. IEEE Transactions on CHMT，1982，5 (1)：3-7.

[16] Nied H A，et al. The thermo structural analysis of electric contacts using a finite element model [J]. IEEE Transactions on CHMT，1984，7 (1)：112-114.

[17] Swingler J，McBride J W. Modeling of energy transport in arcing electrical contacts to determine

mass loss ［C］. IEEE Transaction on Components, Packaging and Manufacturing Technology-part A. 1998, 21（1）：54-60.

［18］ Borkowski P, et al. Investigation of contact materials in 42 VDC automotive relay ［C］. 47ᵗʰ IEEE holm conference on electrical contacts. Montreal Canada：IEEE, 2001：259-263.

［19］ 荣命哲, 鲍芳, 等. 银金属氧化物（Ag/MeO）触头电弧侵蚀特性研究 ［J］. 电工技术学报, 1994（3）：34-36.

［20］ 吴细秀, 李震彪, 等. 电触头表面劣化的热力学分析 ［J］. 中国电机工程学报, 2003, 6：96-102.

［21］ 程礼椿. 电接触理论及应用 ［M］. 北京：机械工业出版社, 1988.

［22］ 荣命哲, 贾文慧, 王瑞军. 低压电器电极间发生的电弧放电及其特性 ［J］. 低压电器, 1998（3）：9-14.

［23］ 堵永国, 杨广, 张家春. 电弧作用下 Ag/MeO 触头材料的物理冶金过程分析 ［J］. 电工技术学报, 1998, 13（8）：52-56.

［24］ 王可健. 电触头材料的分断电弧侵蚀研究 ［D］. 西安：西安交通大学, 1987

［25］ Frederic P. Electrical contact materials arc erosion：experimental and modeling towards the design of an Ag/CdO substrate ［D］. Georgia Institute of Technology, 2010.

［26］ 吴细秀. 开关电器触头材料喷溅侵蚀模型研究及其实验 ［D］. 武汉：华中科技大学, 2005.

［27］ 郭凤仪, 等. 电接触理论及其应用技术 ［M］. 北京：中国电力出版社, 2007.

［28］ 叶家健. AgMeO 触头材料制备及抗电弧侵蚀性能研究 ［D］. 武汉：华中科技大学.

［29］ 荣命哲, 冯建兴, 杨武. 低压电器电触头材料的电弧侵蚀 ［J］. 低压电器, 1998（1）：13-16.

［30］ Shobert E I. Ⅱ, Carbon, graphite, and contacts ［C］. Proc. Holm Conf on Electrical Contacts, 1974：1-19.

［31］ Wingert P C. 银石墨触头材料的石墨颗粒尺寸和处理对其运行性能的效应 ［J］. 电工合金, 1994（2）：1-7.

［32］ Gray E, Pharney J. Electrode erosion by particle ejection in low-current arcs ［J］. J Appl Phys, 1974, （45）：667-671.

［33］ 范莉. 银钨系列触头熔渗工艺的研究 ［J］. 苏州丝绸工学院学报, 2001, 21（5）：55-59.

［34］ 张乔根, 万江文. 粒子束技术制备 Ag/Cu 固体润滑膜的研究 ［J］. 真空科学与技术, 1995, 15（6）：424-428.

［35］ Rieder W, Weichster V. Make erosion mechanism of Ag/CdO contacts ［C］. Proc of 37ᵗʰ IEEE Holm Conference on Electrical Contacts, 1991：102-108.

［36］ Chi H L, Anthony L. Silver tin oxide contact erosion in automotive relays ［C］. Proceedings of the 39ᵗʰ IEEE Holm Conference on Electrical Contacts. Pittsburgh, PA, USA, 1993：61-67.

［37］ Chen Z. K, Koichiro S. Effect of arc behavior on material transfer：A Review ［J］. IEEE Transaction on Components, Packaging and Manufacturing Technology-part A, 1998, 21（2）：

310-322.

[38] Borkowski P, Walczuk E. Temperature rise behind fixed polarity Ag/W contacts opening on an half cycle of high current and its relationship to contact erosion [C]. Proceedings of the 50th IEEE Holm Conference on Electrical Contacts. Tel-Aviv, Israel, 2004: 334-340.

[39] Zhuan K, Koichiro S. Particle sputtering and deposition mechanism for material transfer in breaking arcs [J]. J Appl Phys, 1994, 76 (6): 3326-3331.

[40] Laurent M, Nouredine B J, Didier Jeannot. Make arc erosion and welding in the automotive area [J]. IEEE Transaction on Components and Packaging Technology, 2000, 23 (1): 240-246.

[41] Davies T S, Nouri H, Fairhurst M. Experimental and theoretical study of heat transfer in switches [C]. 42th IEEE Holm Conference on Electrical Contacts, Chicago, USA, 1996: 45-49.

[42] 苗盛章, 郭凤仪. 开关电器对触头材料的基本要求 [J]. 东北煤炭技术, 1994, 4 (2): 38-41.

[43] Donald M. Comparison of the switching behavior of internally oxidized and powder metallurgical silver metal oxide contact materials [C]. Proceedings of the 40th IEEE Holm Conference on Electrical Contacts. Chicago, IL, USA1994: 253-260.

[44] 程礼椿, 李震彪, 邹积岩. 制造工艺与添加物对银金属氧化物触头材料运行性能的影响与作用 (Ⅱ) [J]. 低压电器, 1994, (3): 47-51.

[45] 荣命哲, 王其平. 银金属氧化物 (AgMeO) 触头材料表面动力学特性的研究 [J]. 中国电机工程学报, 1993, 11 (13): 27-32.

[46] Rong M Z, Wang Q P. Effect of additives on the Ag/SnO$_2$ contacts erosion behavior [C]. Proceedings of the 39th IEEE Holm Conference on Electrical Contacts. Pittsburgh, PA, USA, 1993: 33-36.

[47] Michael B S, Slade F G, Loud L D, et al. Influence of contactgeometr and current on effective erosion of Cu/Cr, Ag/WC, and Ag/Cr vacuum contact materials [J]. IEEE Transactions on Components and Packaging Technology, 1999, 22 (3): 405-413.

[48] Chung H H, Lee R T, Chiou Y C. Erosion mechanism of silver in a single arc discharge across a static gap [J]. IEEE Proc Sci Meas Technol, 2002, 149 (4): 172-180.

[49] Ben J N. Break arc duration and contact erosion in automotive application [J]. IEEE Transaction on Components, Packaging and Manufacturing Technology-part A, 1996, 19 (1): 82-86.

[50] Samoilov V, Akachev S. Physical Processes at opening contacts [C]. Proceedings of the Forty-Fifth IEEE Holm Conference on Electrical Contacts, 1999: 111-120.

[51] McBride J W, Sharkh S M A. The effect of contact opening velocity and the moment of contact opening on the eroding of Ag/CdO contact [C]. Proceedings of the 39th IEEE Holm Conference on Electrical Contacts. Pittsburgh, PA, USA, 1993: 87-95.

[52] 程礼椿, 王章启, 王付战. 旋弧喷溅侵蚀的理论分析 [J]. 中国电机工程学报, 1989, 9

(5): 9-15.

[53] Hideaki S, Taswku T. Role of the metallic phased arc discharge on arc erosion in Ag contacts [J]. IEEE Transactions on Components, Hybrids, and Manufacturing Technology. 1990, 13 (1): 13~19.

[54] Yoshida K, Sawa K, Suzuki K, et al. Arc characteristics and electrode mass change of Ag/Ni contacts for electromagnetic contactors [J]. IEICE Trans Electron 2011, 94: 1395-1401.

[55] Yoshida K, Sawa K, Suzuki K, et al. Influence of voltage on arc duration and electrode mass change of Ag/Ni contacts for electromagnetic contactors [J]. IEICE Tech Report, Xi'an Jiaotong Univ, 2010: 219-222.

[56] Yoshida K, Sawa K, Suzuki K, et al. Electrode mass change of Ag/Ni contacts for electromagnetic contactor [C]. IEICE Tech Report, Akita Univ, 2011: 185-188.

[57] Morin L, Jemaa N B, Jeannot D. Make arc erosion and welding in the automotive area [J]. IEEE Transaction on Components and Packing Technologies, 2000, 2: 240-246.

[58] Kawakami Y, Hasegawa M, Watanabe Y, et al. An investigation for the method of lifetime prediction of Ag/Ni contacts for electromagnetic contact [C]. The 51th IEEE Holm Conference on Electrical Contacts, U. S. A. , 2005: 151-154.

[59] Doublet L, Jemaa N B, Hauner F, Jeannot D. Make arc erosion and welding tendency under 42 VDC in automotive area [C]. The 49th IEEE Holm Conference on Electrical Contacts, Washington, 2003: 158-163.

[60] Luo Q F, Wang Y P, Ding B J. Microstructure and arc erosion characteristics of Ag/Ni contacts by mechanical alloying [J]. IEEE Transactions on Components and Packing Technologies, 2005, 28: 785-788.

[61] Liu X J, Feng X, Fei H J. Welding characteristics of Ag/based contact material under automobile lamp Load [C]. The 49th IEEE Holm Conference on Electrical Contacts, Wasshington, 2003: 145-149.

[62] 李玉桐. 化学包覆法 Ag/Ni(10) 触头材料的电弧侵蚀特性 [J]. 电工材料, 2009 (1): 10-13.

[63] 黄光临, 颜小芳, 李国伟, 等. 化学共沉积 Ag/Ni(10) 电触点材料的制备及性能分析 [J]. 电工材料, 2010 (1): 12-16.

[64] 颜小芳, 柏小平, 刘立强, 等. 一种空调交流接触器用 Ag/Ni 触点材料的研究 [J]. 电工材料, 2013 (2): 13-17.

[65] 陈力, 谢明, 宁德魁, 等. 直流条件下 Ag/REN i 触头材料的抗熔焊特性 [J]. 贵金属, 2008, 29 (3): 6-10.

[66] 李恒, 侯月宾. 银镍系列触头材料在直流灯负载下的电侵蚀特点 [J]. 电气技术, 2006 (2): 60-62.

[67] 谭志龙, 陈松, 管伟明, 等. Ag/Ni10 低压直流单次分断电弧机理及电腐蚀形貌的研究 [C]. 中国有色金属学会第八届学术年会, 北京, 2010: 128-131.

[68] 李靖, 马志瀛, 黄绍平, 等. 50Hz 和 400Hz 下银镍合金触头材料电弧侵蚀研究 [J]. 电

工电能新技术，2010（29）：4-9.

[69] 李素华，余惺，李国伟，等. Ag/Ni 触头的电性能研究 [J]. 电工材料，2011，2：7-13.

[70] 郑新建，王其平. Ag/Ni 触头电弧侵蚀形貌类型和形成机制 [J]. 西安交通大学学报，1993，27：1-9.

[71] Wingert P Leung C H. The development of silver-based cadmium-free contact materials [J]. *IEEE Trans. Comp.*, *Hybrids*, *Manu. Technol.*, 1989, 12（1）：16-20.

[72] Hauner F, Jeannot D, McNeilly K, et al. Advanced Ag/SnO$_2$ contact materials for the replacement of Ag/CdO in high current contactors [C]. Proceedings of the 46th IEEE Holm Conference on Electrical Contacts, Chicago, IL, USA , 2004：225-230.

[73] Nilsson O, Hauner F, Jeannot D. Replacement of Ag/CdO by Ag/SnO$_2$ in DC contactors [C]. Proceedings of the 50th IEEE Holm Conference on Electrical Contacts and 22nd International Conference on Electrical Contacts, 2004：70-74.

[74] Hasegawa M. Break arc behaviors of Ag and Ag/SnO$_2$ contact pairs under different contact opening speeds in DC load circuits [C]. The 27th International Conference on Electrical Contacts, Dresden, Germany, June, 2014：1-6.

[75] Pearce A D, Balme W. A Comparison of Contact Attachment Methodology on the Electrical Performance of Ag/SnO$_2$ Contacts [C]. IEEE 59th Holm Conference on Electrical Contacts （HOLM）, 2013：1-6.

[76] Swingler J, McBride J W. A comparison of the erosion and arc characteristics of Ag/CdO and Ag/SnO$_2$ contact materials under DC break conditions [C]. Electrical Contacts, Proceedings of the Forty-First IEEE Holm Conference. 1995：381-392.

[77] Ren W, Chen Y, Cao S, et al. A New Automated Test Equipment for Measuring Electrical Contact Resistance of Real Size Rivets [C]. IEEE 59th Holm Conference on Electrical Contacts （HOLM）, 2013：1-7.

[78] Wan J W, Zhang J G, Rong M Z. Adjustment state and quasisteady state of structure and composition of Ag/MeO contacts by breaking arcs. Electrical Contacts [C]. Proceedings of the Forty-Fourth IEEE Holm Conference, 1998：202-206.

[79] Ben J N, Nedelec L, Benhenda S. Break arc duration and contact erosion in automotive application [J]. IEEE Transactions on Components, Packaging, and Manufacturing Technology, Part A, 1996, 19（1）：82-86.

[80] Devender N. Comparative behaviour of silver tin oxide and silver cadmium oxide contact materials in commercially available contactors [C]. Proceedings of the Thirty-Sixth IEEE Holm Conference on and the Fifteenth International Conference on Electrical Contacts, 1990：126-132.

[81] Wintz J L, Hardy S. Reduction of Ag/SnO$_2$ contact resistance by changing the brazing method and corresponding improvement of an 18.5kW contactor [C]. IEEE 60th Holm Conference on Electrical Contacts （Holm）, 2014：1-6.

[82] Yang W Y, Li D Y, Liu P, et al. Simulation and Experimental Study of Thermal Effects on

Composite Contacts in Electrical Life Cycle Tests of DC Relays [C]. IEEE Transactions on Components, Packaging and Manufacturing Technology, 2015, 5 (6): 745-754.

[83] Slade P G. The effect of high temperature on the release of heavy metals from Ag/CdO and Ag/SnO$_2$ contacts [C]. Proceedings of the Thirty Fourth Meeting of the IEEE Holm Conference on Electrical Contacts, 1988: 17-30.

[84] Francisco H A, Myers M. The effect of various silver tin oxide materials on contact performance under motor load (a. c.) [C]. Proceedings of the Forty-Third IEEE Holm Conference on Electrical Contacts, 1997: 254-263.

[85] Jeannot D, Pinard J, Ramoni P , et al. The effects of metal oxide additions or dopants on the electrical performance of Ag/SnO$_2$ contact materials [C]. Proceedings of the Thirty-Ninth IEEE Holm Conference on Electrical Contacts, 1993: 51-59.

[86] Sun M, Wang Q P, Lindmayer M. The model of interaction between arc and Ag/MeO contact materials [J]. IEEE Transactions on Components, Packaging, and Manufacturing Technology, Part A, 1994, 17 (3): 490-494.

[87] Weise W, Braumann P, Wenzl H. Thermodynamic analysis of erosion effects of silver-based metal oxide contact materials [C]. Proceedings of the Forty-Second IEEE Holm Conference on Electrical Contacts, 1996: 98-104.

[88] Hasegawa M, Takahashi K. Non-contacting evaluation schemes of contact surface damages with several optical techniques [C]. Proceedings of the First International Conference on Electrical Power Equipment-Switching Technolgy, Xi'an, China, 2011: 152-155.

[89] MeBride J W, Cross K J, Sharkh S M A. The evaluation of arc erosion on electrical contacts using three-dimensional surface profiles [J]. IEEE Transaction on Components and Packing Technology, 1996, 19 (1): 87-97.

[90] Swingler J, Sumption A. Arc erosion of Ag/SnO$_2$ electrical contacts at different stages of a break operation [J]. Rare Metals, 2010, 29 (3): 248-254.

2 Ag/Ni 电触头的电弧侵蚀行为与机理

Ag/Ni 电触头材料于 1939 年问世，它具有接触电阻低且稳定、加工性能优良、抗电弧烧损和无毒等优点，广泛应用于家用电器、接触器、微型断路器及汽车继电器等领域[1-3]。Ag/Ni 电触头材料无须附加焊接用银层（即覆层），可节银达 40%，但在大电流下的抗熔焊性低，抗电弧烧损能力不如 Ag/MeO 电触头材料，在实际应用中受到限制，仅适合电流 ≤20A 的场合[4,5]。在大电流条件下，特别是在有浪涌电流存在或高温环境条件下，Ag/Ni 电触头材料较易发生熔焊，且在一定程度的电弧侵蚀后更加明显[6,7]。李震彪等[8]对 Ag、Ag/Cu、Ag/W、Ag/Fe、Ag/Ni 的静熔焊实验发现，Ag/Ni 电触头的抗静熔焊能力是上述材料中最差的。有研究表明[9]，在低压小电流负载、50Hz 和 400Hz 下，Ag/Ni(10)电触头材料的抗熔焊性优于 Ag/C4，但不如 Ag/W(50)。因此如何提高该材料的抗熔焊性能，扩大其使用电流范围，成为学者们关注的焦点。大量研究发现，Ag/Ni 电触头抗熔焊性低的主要原因是产生电弧时 Ag 相间易于发生焊合[10-13]。使 Ni 相均匀、弥散地分布于银基体中成为提高 Ag/Ni 合金材料抗熔焊性的一个重要发展方向[14]。除了改进各种制备工艺外，Ag/Ni 合金材料纳米化也是获得弥散均匀分布 Ni 颗粒、改善材料抗熔焊性的方法之一。此外，发展纤维复合材料和加入少量添加物也能进一步提高 Ag/Ni 合金的抗熔焊性。目前关于 Ag/Ni 电触头材料电弧侵蚀行为和机理的研究还不够深入和系统。本章全面系统介绍了操作次数及 Ni 含量对 Ag/Ni 电触头材料电弧侵蚀行为的影响，并对电弧侵蚀后触头熔池内的元素分布及形成机理进行了讨论，这对提高材料的抗熔焊性能具有一定的理论指导意义。

2.1 操作次数对 Ag/Ni(10)电触头电弧侵蚀行为的影响

2.1.1 操作次数对电接触物理现象的影响

2.1.1.1 电弧能量

图 2-1 所示为 SE 工艺制备的 Ag/Ni(10)电触头材料在不同操作次数下的电弧能量概率。结果表明，Ag/Ni(10)SE 电触头材料电弧能量概率呈两种分布状态，其中 5000 次和 30000 次的电弧能量分布有 99% 的相似性；1000 次、3000

次、10000 次和 20000 次的电弧能量分布具有 80%的相似性，且其电弧能量要低于 5000 次和 30000 次，而 40000 次的电弧能量比其他次数的都要大。在不同操作次数下，电弧能量平均值从小到大的排序为：N1000（373.5mJ）<N3000（383.1mJ）<N10000（390.7mJ）<N20000（405.8mJ）<N30000（615.2mJ）<N5000（623.9mJ）<N40000（711.3mJ）。除了 5000 次外，电弧能量的平均值随操作次数的增加而增大。

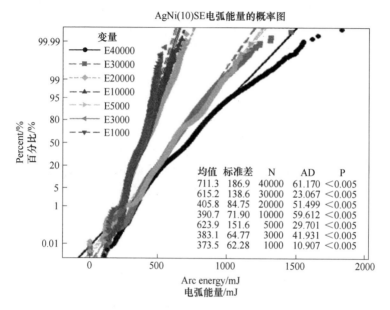

AgNi(10)SE电弧能量的概率图

均值	标准差	N	AD	P
711.3	186.9	40000	61.170	<0.005
615.2	138.6	30000	23.067	<0.005
405.8	84.75	20000	51.499	<0.005
390.7	71.90	10000	59.612	<0.005
623.9	151.6	5000	29.701	<0.005
383.1	64.77	3000	41.931	<0.005
373.5	62.28	1000	10.907	<0.005

扫一扫查看彩图

图 2-1   Ag/Ni(10) SE 电触头材料不同操作次数下电弧能量的概率
N—操作次数；AD—平均偏差；P—概率因子

2.1.1.2　电弧时间

图 2-2 所示为 SE 工艺制备的 Ag/Ni(10) 电触头材料在不同操作次数下的电弧时间概率。结果表明，5000 次和 30000 次的电弧时间概率分布有 99%的相似性；1000 次、3000 次、10000 次和 20000 次的电弧时间概率分布具有 95%的相似性，且其电弧时间值要低于 5000 次和 30000 次，而 40000 次的电弧时间比其他次数的都要大。在不同操作次数下，电弧时间平均值从小到大的排序为：N1000（4.615ms）<N20000（4.707ms）<N3000（4.757ms）<N10000（4.866ms）<N30000（7.318ms）<N5000（7.644ms）<N40000（8.981ms）。比较图 2-1 和图 2-2 可知，在不同操作次数下，Ag/Ni(10) SE 电触头材料电弧时间概率分布与电弧能量概率分布基本相似。

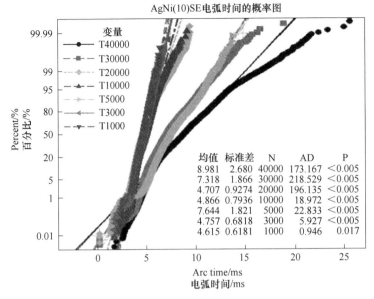

扫一扫查看彩图

图 2-2　Ag/Ni(10) SE 电触头材料不同操作次数下电弧时间的概率

N—操作次数；AD—平均偏差；P—概率因子

2.1.1.3　熔焊力

图 2-3 所示为 SE 工艺制备的 Ag/Ni(10)电触头材料在不同操作次数下的熔

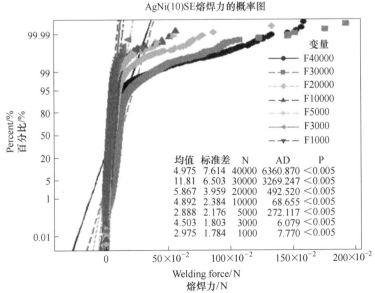

扫一扫查看彩图

图 2-3　Ag/Ni(10) SE 电触头材料不同操作次数下熔焊力的概率

N—操作次数；AD—平均偏差；P—概率因子

焊力概率。结果表明，不同操作次数下，Ag/Ni(10) SE 电触头材料熔焊力的 95% 都小于 $25×10^{-2}$ N，而且其概率分布曲线很相似，数值也相差不大。在不同操作次数下，熔焊力平均值从小到大的排序为：N5000($2.888×10^{-2}$ N) < N1000 ($2.975×10^{-2}$ N) < N3000($4.503×10^{-2}$ N) < N10000($4.892×10^{-2}$ N) < N40000($4.975×10^{-2}$ N) < N20000($5.867×10^{-2}$ N) < N30000($11.81×10^{-2}$ N)。熔焊力与操作次数变化基本没有规律可循。

2.1.2　操作次数对电弧侵蚀率的影响

图 2-4 所示为 SE 工艺制备的 Ag/Ni(10)电触头材料在不同操作次数下的质量变化。结果表明，在不同操作次数下，阴极电触头质量增加，阳极电触头质量降低，阴、阳两极电触头总质量降低。随着操作次数的增加（40000 次除外），阴、阳两极电触头质量变化逐渐增加。电弧操作 30000 次时阳极和阴极触头质量变化最大；电弧操作 40000 次时触头总质量变化最大。阴极触头质量增加，阳极触头质量降低，说明 Ag/Ni(10)SE 电触头材料在电弧侵蚀过程中发生了从阳极到阴极的材料转移。随着操作次数的增加，电触头上质量变化增加，说明随着操作次数增加，Ag/Ni(10)SE 电触头材料的电弧侵蚀越来越严重。在相同操作次数下，阳极质量变化比阴极质量变化要大，说明阳极电触头上的电弧侵蚀比阴极电触头严重。

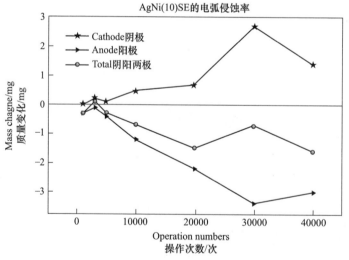

图 2-4　Ag/Ni(10) SE 电触头材料不同操作次数下的质量变化
（"-"表示质量减少；"+"表示质量增加）

扫一扫查看彩图

2.1.3　操作次数对电弧侵蚀形貌的影响

2.1.3.1　三维宏观形貌

图 2-5 所示为 SE 工艺制备的 Ag/Ni(10) 电触头材料在不同操作次数下（1000 次、

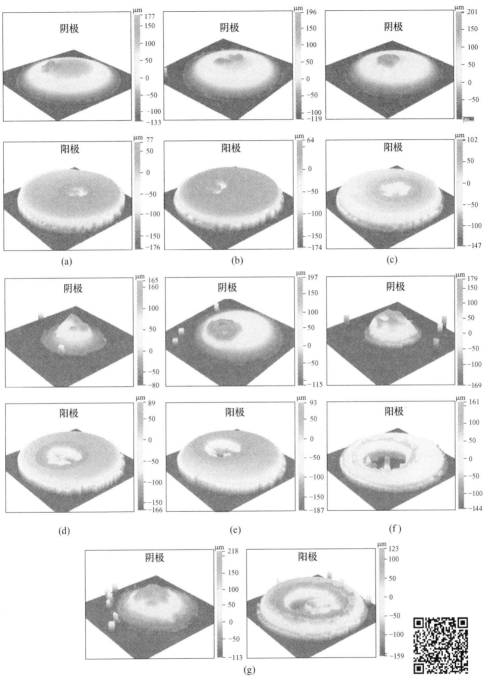

图 2-5 Ag/Ni(10) SE 电触头材料不同操作
次数下阴极和阳极的三维宏观侵蚀形貌

扫一扫查看彩图

（a）1000 次；（b）3000 次；（c）5000 次；（d）10000 次；（e）20000 次；（f）30000 次；（g）40000 次

3000 次、5000 次、10000 次、20000 次、30000 次和 40000 次）阴、阳两极电触头的三维宏观侵蚀形貌。从图 2-5 可以看出，在电弧操作下，Ag/Ni（10）SE 电触头材料的表面形貌发生了很大的变化，阴极电触头表面出现了小凸峰，阳极电触头表面出现了与阴极小凸峰对应的侵蚀坑。随着操作次数的增加，阴极电触头表面上凸峰的高度和宽度增加，阳极电触头表面上侵蚀坑的深度和面积也增加。随着操作次数的增加，电触头表面形貌变化越来越大，电弧作用于阴极和阳极电触头表面的面积也越来越大，说明随着操作次数的增加，电触头材料表面的电弧侵蚀越来越严重。阴极表面出现小凸峰，而阳极表面出现侵蚀坑，说明 Ag/Ni（10）SE 电触头材料在电弧侵蚀过程中发生了从阳极到阴极的材料转移。在电弧侵蚀过程中，由于阳极上的材料转移到了阴极，所以阳极电触头质量减小，阴极电触头质量增加，此结果与前面的电弧侵蚀率结果一致。在相同操作次数下，阳极电触头表面形貌变化比阴极电触头大，说明阳极电触头表面电弧侵蚀比阴极电触头严重。

2.1.3.2　二维宏观形貌

图 2-6 所示为 SE 工艺制备的 Ag/Ni（10）电触头材料在不同操作次数下（1000 次、3000 次、5000 次、10000 次、20000 次、30000 次和 40000 次）阴、阳两极电触头的二维宏观侵蚀形貌。从图 2-6 可以看出，在电弧操作下，Ag/Ni（10）SE 电触头材料的表面形貌发生了变化。阴极和阳极表面上都出现了圆形的侵蚀斑，且随着操作次数的增加，侵蚀斑的直径增大，说明电弧侵蚀随着操作次数的增加而增大。在相同操作次数下，阳极触头表面形貌变化比阴极大，说明阳极电触头表面上的电弧侵蚀比阴极电触头严重。

2.1.4　操作次数对横截面显微组织的影响

图 2-7 所示为 SE 工艺制备的 Ag/Ni（10）电触头材料在不同操作次数下（1000 次、3000 次、5000 次、10000 次、20000 次、30000 次和 40000 次）阴、阳两极电触头的横截面金相显微组织。从图 2-7 可以看出，在电弧操作下，Ag/Ni（10）SE 电触头材料的横截面组织和形状都发生了很大的变化，阴极电触头截面上出现了由于材料转移产生的小凸峰（见图 2-7 中方框），而阳极触头截面上则相应出现了小凹坑（见图 2-7 中圆圈）。随着操作次数的增加，阴、阳两极电触头截面的电弧作用区域也逐渐增大，并观察到一些由于喷溅侵蚀而产生的遗留物（见图 2-7 中白色箭头）。随着操作次数的增加，阴极上的小凸峰和阳极上的侵蚀坑面积和深度都增加，说明随着操作次数的增加，阴极电触头和阳极电触头上的电弧侵蚀越来越严重。在相同操作次数下，阳极电触头上的横截面组织变化比阴极电触头上严重，说明阳极电触头上的电弧侵蚀比阴极电触头严重。

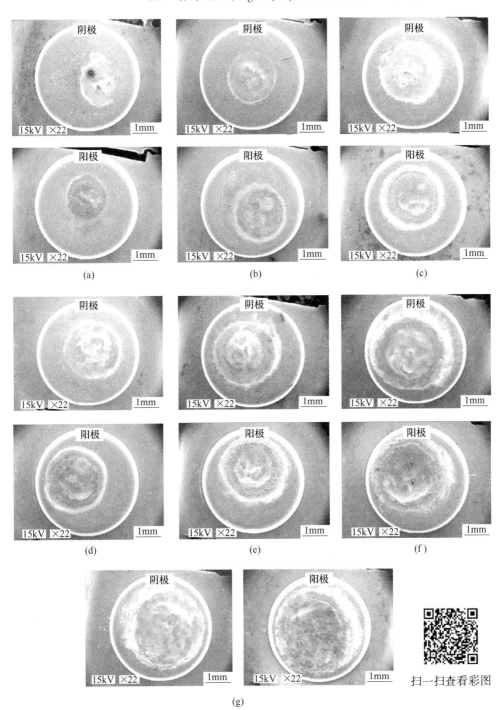

图 2-6 Ag/Ni(10)SE 电触头材料不同操作次数下阴极和阳极的二维宏观侵蚀形貌

（a）1000 次；（b）3000 次；（c）5000 次；（d）10000 次；（e）20000 次；（f）30000 次；（g）40000 次

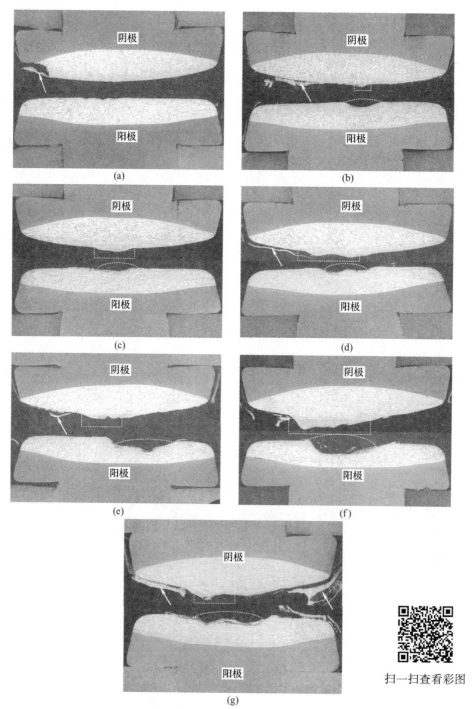

扫一扫查看彩图

图 2-7 Ag/Ni(10)SE 电触头材料不同操作次数下阴极和阳极的横截面金相显微组织

(a) 1000 次；(b) 3000 次；(c) 5000 次；(d) 10000 次；(e) 20000 次；(f) 30000 次；(g) 40000 次

2.2　Ag/Ni(12)电触头的电弧侵蚀行为

2.2.1　电接触物理现象

电接触物理现象，包括电弧能量、电弧时间、熔焊力等，在电弧侵蚀作用下，由于接触面微观结构和成分的变化而发生变化。SE 工艺制备的 Ag/Ni(12) 电触头材料在 50000 次操作下，其电弧能量、电弧时间和熔焊力每 100 次的平均值如图 2-8 所示。50000 次操作过程中，电弧时间和电弧能量平均值的变化趋势相似，但与熔焊力不同；当运行次数小于 8000 次时，电弧时间、电弧能量和熔焊力平均值都随操作次数的增加而增加；当操作次数从 8000 次增加到 15000 次时，电弧时间和电弧能量平均值随操作次数的增加而降低；当操作次数从 15000 次增加到 50000 次时，电弧时间和电弧能量平均值基本保持稳定；当电弧操作数从 8000 次增加到 10000 次时，熔焊力平均值随操作次数的增加而降低；当电弧操作数从 10000 次增加到 30000 次时，熔焊力平均值基本保持稳定；但是操作次数从 30000 次增加到 40000 次时，熔焊力平均值先增加然后减少；当操作次数从 40000 次增加到 50000 次时，熔焊力平均值又基本保持稳定。因此，电接触的物理现象（电弧时间、电弧能量和熔焊力）在电弧侵蚀的作用下，每一次操作都发生了变化。

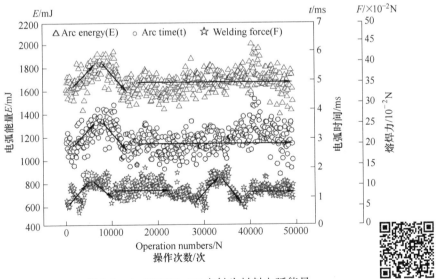

图 2-8　Ag/Ni(12) SE 电触头材料电弧能量、
电弧时间、熔焊力每 100 次平均值

扫一扫查看彩图

在电弧侵蚀作用下，由于蒸发和飞溅侵蚀作用，阴、阳两极电触头的质量会发生变化。此外，在电弧运行过程中，阴极触头与阳极触头之间发生的物质转移也会引起其质量的变化。质量测试结果表明，在 50000 次操作后，Ag/Ni(12)SE 阴极触头和阳极触头上的质量均有所下降（阴极触头质量损失 2.7mg；阳极触头质量损失 4mg）。阳极触头的质量损失大于阴极触头，说明在相同服役条件下，阳极触头的电弧侵蚀比阴极触头更为严重。

2.2.2　电弧侵蚀形貌

2.2.2.1　二维宏观形貌

Ag/Ni(12)SE 电触头材料经 50000 次操作后的二维宏观形貌如图 2-9 所示，其中阴极触头和阳极触头的表面形貌均因电弧侵蚀而发生了改变。一方面，由于电弧侵蚀和接触力的作用，阴极触头和阳极触头表面都发生了严重的变形；另一方面，在阴极触头和阳极触头表面也观察到飞溅侵蚀（见图 2-9（a）和（b）上的圆圈）。此外，阳极触头表面的形貌变化比阴极触头更为严重，说明阳极触头上的电弧侵蚀比阴极触头严重，这与前面质量损失的结果是一致的。

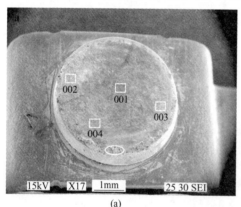 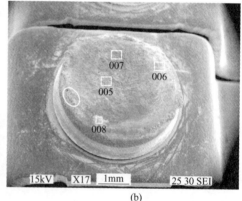

（a）　　　　　　　　　　　　　　　　（b）

图 2-9　Ag/Ni(12) 电触头材料 50000 次电弧操作后宏观形貌

（a）阴极触头；（b）阳极触头

电弧侵蚀不仅会引起电触头表面形貌的变化，而且会由于电触头接触表面的物理冶金反应而引起成分的变化。表 2-1 是 EDS 测量的电触头接触表面不同区域（图 2-9（a）、（b））的元素组成含量。由表 2-1 可知，Ag/Ni(12) SE 电触头材料经电弧侵蚀后，银含量（质量分数）小于 88%，镍含量（质量分数）大于 12%。此外，在电触头接触表面检测到大量的氧和少量的碳，这表明空气中的氧

扫一扫查看彩图

和碳在电弧侵蚀过程中溶解在银基体中。由于电弧的作用，电弧根部的温度很高。镍和氧在银中的溶解度随温度的升高而增大。当温度高于镍熔点（1453℃）时，部分镍颗粒也会溶解在熔池中。这些镍颗粒在短时间内熔化冷却，形成二次结晶。此外，在电弧侵蚀过程中，银的熔点较低（961℃），容易熔化和蒸发。一方面，银的熔化增加了氧在银中的溶解度，导致接触表面的氧含量增加；另一方面，银的蒸发降低了接触表面的银含量。此外，由于镍颗粒的密度低于银（Ni：8.9g/cm³，Ag：10.5g/cm³），所以镍颗粒聚集并漂浮在融化的银上，这导致了触头接触表面镍含量的增加。因此，当 Ag/Ni(12) SE 电触头发生电弧侵蚀后，氧和镍的含量增加，而银的含量减少。

表 2-1　EDS 测得图 2-9（a）和（b）中不同区域成分（质量分数）结果

区域	元素/wt%				
	C	O	Ni	W	Ag
001	1.11	9.12	34.95	2.49	52.33
002	1.76	6.67	24.83	1.6	65.15
003	1.37	7.3	15.94	1	74.39
004	1.54	9.56	23.64	1.81	63.45
005	1.05	12.67	37.20	2.88	46.21
006	2.26	8.61	23.62	1.81	63.69
007	1.12	9.72	31.65	2.13	55.38
008	2.95	5.07	21.58	0.9	69.51

检测到C和O↑　　　Ni＞12wt%↑　　　Ag＜88wt%↓

2.2.2.2　二维微观形貌

Ag/Ni(12)SE 阴极触头和阳极触头经 50000 次操作后的二维微观形貌分别如图 2-10和图 2-11 所示。从图可以看出，阴极触头和阳极触头电弧侵蚀后的表面形貌特征相似。在阴极触头和阳极触头表面均观察到"火山口"型侵蚀坑（见图 2-10(a) 和图 2-11 (a)），只是在阳极触头"火山口"附近观察到较多的喷溅侵蚀物。在一定条件下，银在电弧侵蚀作用下会熔化和蒸发，特别是大电流时，银蒸汽会从弧根流出，银蒸汽从弧根流出时，由于大液滴的飞溅，在接触面上会留下"火山口"型的侵蚀坑。在阴极触头和阳极触头表面还观察到岛状富银带（见图2-10(b) 和图 2-11(b)）。当银在电弧能的作用下发生熔化时，由于熔化后的银不能及时在触头接触表面扩散，导致在阴极触头和阳极触头表面上形成岛状结构。同时，在阴极触头和阳极触头表面上还观察到气孔和裂纹（见图 2-10（c）、图 2-11（c））。

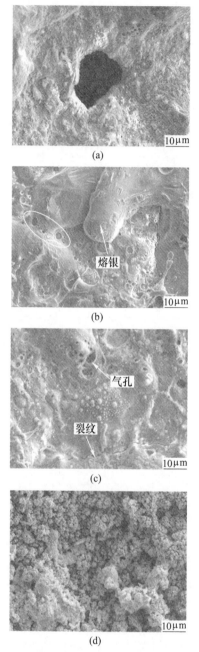

(a)

(b)

熔银

(c)

气孔

裂纹

(d)

图 2-10 Ag/Ni(12)SE 阴极触头材料 50000 次
电弧操作后二维微观形貌

扫一扫查看彩图

（a）侵蚀坑；（b）岛状熔银；（c）孔隙和裂纹；（d）珊瑚状喷溅物

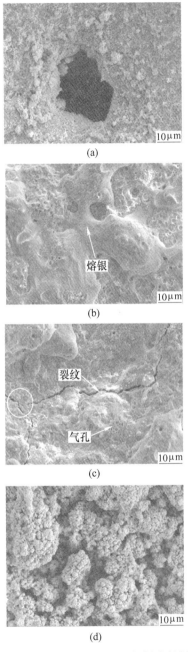

(a)

(b)

(c)

(d)

图 2-11   Ag/Ni(12)SE 阳极触头材料
50000 次电弧操作后二维微观形貌

(a) 侵蚀坑；(b) 岛状熔银；(c) 孔隙和裂纹；(d) 珊瑚状喷溅物

扫一扫查看彩图

熔融金属在电弧作用下会从空气中吸收大量气体。氧在液态银中的溶解度（0.3%）是固态银的溶解度（0.008%）的 40 倍。因此，熔化的银在电弧作用下含有大量的氧。在电弧熄灭后，由于氧气压力的变化，溶解在熔化银中的一部分氧气逃逸到空气中，另一部分氧由于快速凝固没有时间从熔化的银中逸出，从而导致在触头接触面和内部形成孔洞。阳极触头表面产生的裂纹比阴极触头更严重，说明阳极触头的电弧侵蚀比阴极触头更严重。裂纹是一种危险的电弧侵蚀形态。裂纹的形成原因非常复杂，主要取决于电触头材料的结构和性能、电弧能量和外界工作条件。材料内部或表面不可避免地会出现一些缺陷（微孔、微裂纹、夹杂物、晶界和界面位错群等），这些缺陷是表面裂纹形成的根本原因。一方面，在电弧的高温作用下，接触面上的银会熔化；但由于电弧持续时间较短（本工作中小于 10ms），表面熔化层会急剧冷却凝固，熔覆层的快速凝固导致熔覆层组织中的空位密度和位错密度增加，空位和位错密度的增加会降低晶界强度，增加应力作用下晶界裂纹形成的可能性（见图 2-11（c）中的白圈）。另一方面，孔隙会降低材料的力学强度，容易引起裂纹的形成或促使裂纹的发展。例如，图 2-10（b）上的孔隙导致了裂纹的形成和发展（见图 2-10（b）上的白圈）。此外，在阴极触头和阳极触头表面上还观察到珊瑚状结构喷溅物（见图 2-10（d）和图 2-11（d））。珊瑚状结构喷溅是一种粒径在 200~500nm 之间的颗粒堆积，主要是由于发生飞溅侵蚀而出现在电触头接触面的边缘部分。电弧侵蚀过程中的气化和液体蒸发飞溅是珊瑚状结构颗粒形成的主要原因。一方面，电触头表面材料在电弧能作用下由固体变为液体，然后变为气体从电触头材料表面逃逸，最后气态银吸收了空气中的大量氧气，在电触头接触表面迅速凝固，形成珊瑚状结构颗粒；另一方面，电触头表面在电弧能量作用下。形成银熔池，银熔池中的微小液滴在各种力的作用下（如静电场力、电磁力、物质运动的反作用力、表面张力等）从熔池中溅落出来，因此，珊瑚状结构颗粒是电弧作用下蒸发和飞溅侵蚀的产物。

2.2.3　截面组织和元素面分布

2.2.3.1　截面组织

Ag/Ni(12)SE 阴极触头和阳极触头经 50000 次操作后横截面的金相显微组织如图 2-12 所示。在电弧侵蚀作用下，阴极触头表面由凸面变为平面（见图 2-12(a_1)），并在阴极触头表面上观察到了物质的转移（见图 2-12（a_1）上的白圈）。在电弧侵蚀作用下，阳极触头表面由凸面变为凹面（见图 2-12（b_1）），阳极触头表面上出现了物质转移和飞溅现象（见图 2-12（b_1）上的白圈）。在阴极触头和阳极触头表面都出现了少量的侵蚀坑，并在侵蚀坑内形成了熔融池（见图 2-12（a_2）和（b_2））。

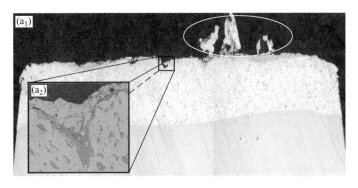

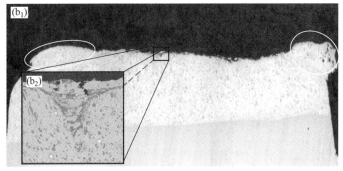

图 2-12 Ag/Ni(12) SE 触头材料 50000 次电弧操作后横截面显微组织   扫一扫查看彩图
（a₁）阴极触头；（a₂）阴极触头上熔池；（b₁）阳极触头；（b₂）阳极触头上熔池

2.2.3.2 元素面分布

Ag/Ni(12) SE 阴极触头和阳极触头经 50000 次操作后熔池内元素分布分别如图 2-13 和图 2-14 所示。从图可以看出，在相同操作次数下，阴极触头和阳极触头上熔池内的元素分布不同。阴极触头上熔池面积小于阳极触头（见图 2-13（a）和图 2-14（a）），说明阳极触头上的电弧侵蚀影响区域比阴极触头上的大，也说明阳极触头上的电弧侵蚀比阴极触头严重。背散射电子图像显示灰色银基体上分布着白色、黑色和深灰色三个不同相（见图 2-13（a）、图 2-14（a））。电子探针波谱仪（WDS）测得的图 2-13（a）和图 2-14（a）中不同区域的成分见表 2-2。表 2-2 结果表明，白色相包含 87%~97%（质量分数）元素 W，黑色相包含大约 98%（质量分数）元素镍，灰色相包含大约 99%（质量分数）元素 Ag，深灰色相包含大约 80%（质量分数）元素镍和 18%（质量分数）元素 W。此外，元素的面分析结果也表明，灰色相主要包含 Ag 元素（见图 2-13（b）和图 2-14（b）），黑色相主要包含镍元素（见图 2-13（c）和图 2-14（c）），白色相主要包含 W 元素（见图 2-13（d）和图 2-14（d）），深灰色相主要包含 Ni 和 W 元素。阴极触头和阳极触头上熔池的形状像一顶倒扣的魔术帽（见图 2-13（a）和图 2-14（a））。

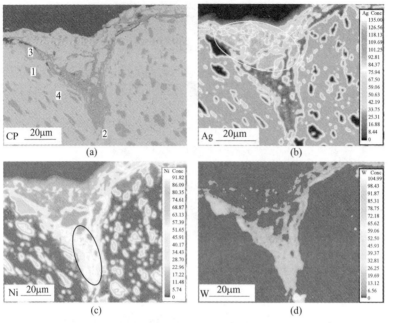

图 2-13 Ag/Ni(12)SE 阴极触头材料 50000 次电弧操作后熔池元素面分布　扫一扫查看彩图

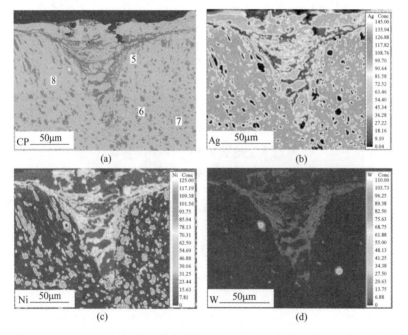

图 2-14 Ag/Ni(12) SE 阳极触头材料 50000 次电弧操作后熔池元素面分布　扫一扫查看彩图

阴极触头熔池中银和镍元素的分布与阳极触头中不同。在阴极触头熔池中，Ni

元素主要分布在熔池底部（见图 2-13（c）上圆圈），Ag 元素主要分布在熔池内部（见图 2-13（b）上圆圈）；而阳极触头熔池中 Ag 和 Ni 元素的分布是逐层分布的（见图 2-14（b）和（c））。

表 2-2 WDS 测得图 2-13 （a）和图 2-14 （a）中不同区域成分分析结果

电触头	区域	元素/%			
		C	Ag	Ni	W
阴极触头	1	2.559	0.373	98.825	0.116
	2	5.048	0.412	6.898	87.642
	3	1.999	0.205	79.678	18.118
	4	0.912	98.819	0.269	0.000
阳极触头	5	1.287	0.255	98.458	0.000
	6	0.887	0.110	1.079	97.924
	7	1.037	0.270	81.113	17.581
	8	0.564	99.166	0.270	0.000

注：□Ni—黑色相；□W—白色相；□NiW—深灰色相；□Ag—基体灰色相。

2.2.4 分析与讨论

2.2.4.1 电弧能量、电弧时间和熔焊力之间的关系

电弧侵蚀的程度取决于电弧能量。电弧能量越大，电弧侵蚀越严重；而电弧能量随着电弧时间的增加而增加。此外，熔焊力对电触头材料的熔焊和电弧侵蚀有重要影响。因此，电弧能量、电弧时间和熔焊力是影响电触头材料电弧侵蚀的重要因素。Ag/Ni(12)SE 电触头材料 50000 次操作过程中，电弧能量、电弧时间和熔焊力的概率分布曲线如图 2-15 所示。结果表明，电弧能量和电弧时间的概率分布曲线相似，这结果与前面图 2-8 中电弧能量和电弧时间平均值变化趋势保持一致。电弧能量和电弧时间的概率分布曲线与熔焊力的概率分布曲线不同。在50000 次操作中 95%的熔焊力小于 $25×10^{-2}N$。50000 次操作中电弧能量平均值为1172mJ，电弧时间平均值为 4.987ms，熔焊力平均值为 $9.041×10^{-2}N$。

图 2-8 和图 2-15 的结果表明，电弧时间对电弧能量有影响，但对熔焊力没有直接影响。Kubo 等[15]发现电弧时间与电弧能量的关系可以用下面方程来描述：

$$E = \sum UIt \tag{2-1}$$

式中，E 为电弧能量；U 为电弧电压；I 为电弧电流；t 为电弧时间。

电弧侵蚀（质量损失）与电弧能量的关系可以用下式来描述：

$$W = cE^d \tag{2-2}$$

式中，W 为电弧侵蚀；E 为电弧能量；c、d 为材料相关系数。

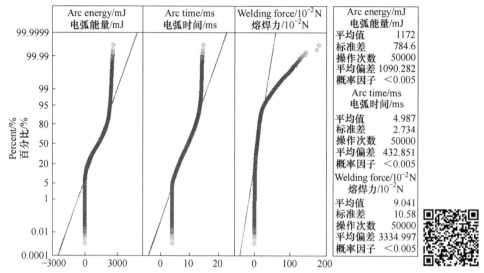

图 2-15   Ag/Ni(12)SE 电触头材料 50000 次操作中
电弧能量、电弧时间和熔焊力概率分布曲线

扫一扫查看彩图

Wang[16] 根据实验结果建立了电弧侵蚀与电弧时间的关系。电弧侵蚀与电弧电流的关系可表示为：

$$W = kIt \tag{2-3}$$

式中，W 为电弧侵蚀；I 为电弧电流；t 为电弧时间；k 为材料相关系数。

根据式（2-2）和式（2-3）可得：

$$E = aIt \tag{2-4}$$

式中，E 为电弧能量；I 为电弧电流；t 为电弧时间；a 为与材料有关的系数。

电弧能量和电弧时间对材料的电弧侵蚀有重要影响，电弧时间对电弧能量也有重要影响。Ag/Ni(12)SE 电触头材料 50000 次操作过程中，电弧能量与电弧时间的关系曲线如图 2-16 所示。结果表明，电弧能量（E）与电弧时间（t）的关系符合指数规律。因此，通过数据拟合可以得到：

$$E = 2569.88 - 2754.48/[1 + \exp(t - 5.13)/1.84] \tag{2-5}$$

式中，E 为电弧能量；t 为电弧时间。

方程（2-5）数据拟合的相关性（R^2）为 0.99515，这表明 Ag/Ni(12)RE 电触头材料在 50000 次操作中，电弧能量和电弧时间之间的关系可以使用方程(2-5)描述。因此，Ag/Ni(12)SE 电触头材料在 50000 次电弧操作中，电弧能量随电弧时间的增加呈指数增加。

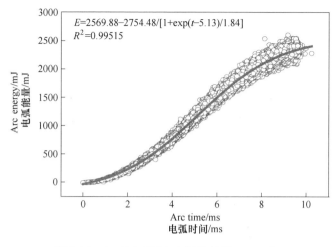

$E=2569.88-2754.48/[1+\exp(t-5.13)/1.84]$
$R^2=0.99515$

图 2-16　Ag/Ni(12)SE 电触头材料 50000 次
电弧操作中电弧能量与电弧时间的关系

扫一扫查看彩图

2.2.4.2　熔池形成机理

Ag/Ni(12)RE 电触头材料元素面分布结果表明，阴极触头熔池中 Ag 和 Ni 元素的分布与阳极触头熔池中 Ag 和 Ni 元素的分布不同。在阴极触头熔池中，Ni 元素主要分布在熔池底部，Ag 元素主要分布在熔池内部；而阳极触头熔池中镍、银元素的分布是层层叠加的。因此，阴极触头和阳极触头熔池的形成机理是不同的。图 2-17 所示为 Ag/Ni(12)SE 电触头材料经过 50000 次操作后的熔池形成示意图。在电弧能量作用下，阴极触头和阳极触头材料接触面的温度会升高，当阴极和阳极触头表面温度达到 960℃时，银发生熔化，而镍颗粒由于熔点较高（1453℃）仍处于固态。银的熔化会在阴极触头和阳极触头表面层附近形成一个含有镍颗粒的银熔融池（见图 2-17（b））。在重力作用下，由于镍的密度（8.9g/cm³）小于银的密度（10.5g/cm³），电触头熔池中的 Ni 颗粒发生由下向上的移动，而银则发生由上向下的移动（见图 2-17（c））。因此，当银熔体快速冷却时，镍颗粒主要分布在银层上方。当阴极触头材料熔池中的 Ni 颗粒由下向上移动时，由于熔池底部位于熔池的上面，所以在阴极触头熔池中的 Ni 粒子会移动到熔池底部，导致最后 Ni 颗粒主要分布在阴极触头熔池底部，而银颗粒主要分布在阴极触头熔池内部（见图 2-13（c）和图 2-17（d））。在阳极触头上，当熔池内的 Ni 粒子由下向上移动时，由于熔池表面位于熔池的上面，所以 Ni 粒子会移动到熔池表面，使得 Ni 颗粒主要分布在熔池上表面，而银主要分布在熔池内部。但元素面分布结果表明，阳极触头上 Ni 和 Ag 元素呈层层叠加分布（见图 2-14（b）、图 2-14（c）和图 2-17（e）），这可能是由于接触压力循环运行作用的结果。

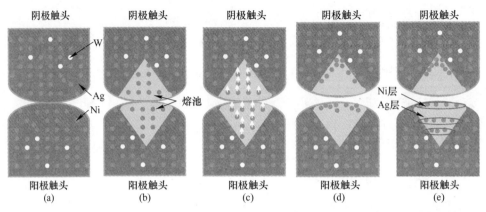

图 2-17　Ag/Ni(12)SE 触头材料 50000 次电弧操作后熔池形成示意图

(a) 连接；(b) 银融化；(c) Ni 粒子向上运动；

(d) 银快速凝固；(e) 镍和银层的形成

扫一扫查看彩图

2.3　Ni 含量对 Ag/Ni 电触头电弧侵蚀行为的影响

2.3.1　Ni 含量对电弧能量的影响

图 2-18 所示为 SE 工艺制备的不同 Ni 含量（质量分数）（10%、15% 和 20%）

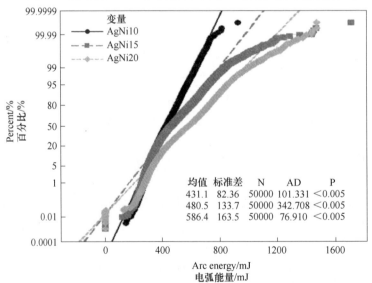

图 2-18　不同 Ni 含量（质量分数）Ag/Ni 电触头材料

50000 次操作中电弧能量概率

N—操作次数；AD—平均偏差；P—概率因子

扫一扫查看彩图

Ag/Ni 电触头材料在 50000 次操作后的电弧能量概率。从图可以看出，Ni 含量不同，Ag/Ni 电触头材料的电弧能量不同，且随着 Ni 含量的增加，Ag/Ni 电触头材料的电弧能量和电弧能量平均值都逐渐增加。

2.3.2 Ni 含量对电弧时间的影响

图 2-19 所示为 SE 工艺制备的不同 Ni 含量（质量分数）（10%、15% 和 20%）Ag/Ni 电触头材料在 50000 次操作后的电弧时间概率。从图可以看出：Ni 含量不同，Ag/Ni 电触头材料的电弧时间不同，且随着 Ni 含量的增加 Ag/Ni 电触头材料的电弧时间和平均值都增加。

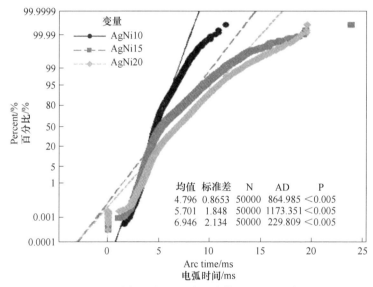

图 2-19　不同 Ni 含量（质量分数）Ag/Ni 电触头

材料 50000 次操作中电弧时间概率　　　　扫一扫查看彩图

N—操作次数；AD—平均偏差；P—概率因子

2.3.3 Ni 含量对熔焊力的影响

图 2-20 所示为 SE 工艺制备的不同 Ni 含量（质量分数）（10%、15% 和 20%）Ag/Ni 电触头材料在 50000 次操作后的熔焊力概率。从图可以看出：Ni 含量不同，Ag/Ni 电触头材料的熔焊力不同，且随着 Ni 含量的增加，Ag/Ni 电触头材料的熔焊力也增加。Ag/Ni(10) 电触头材料 99% 的熔焊力小于 20×10^{-2} N，Ag/Ni(15) 电触头材料 5% 的熔焊力大于 20×10^{-2} N，Ag/Ni(20) 电触头材料 20% 的熔焊力大于 20×10^{-2} N。

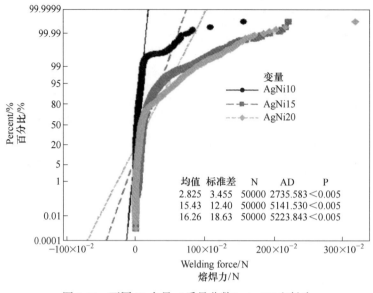

图 2-20 不同 Ni 含量（质量分数）Ag/Ni 电触头
材料 50000 次操作中熔焊力的概率

N—操作次数；AD—平均偏差；P—概率因子

扫一扫查看彩图

2.3.4 Ni 含量对电弧侵蚀率的影响

图 2-21 所示为 SE 工艺制备的不同 Ni 含量（质量分数）（10%、15% 和 20%）

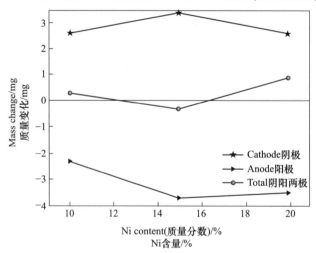

图 2-21 不同 Ni 含量（质量分数）Ag/Ni 电触头材料
在 50000 次操作后的质量变化

（"−"表示质量减少，"+"表示质量增加）

扫一扫查看彩图

Ag/Ni 电触头材料在 50000 次操作后的质量变化。从图可以看出，在电弧操作下，所有 Ag/Ni 电触头材料的阴极质量增加，阳极质量降低，其中 Ag/Ni(15) 电触头材料的阴、阳两极质量变化最大。因此，Ag/Ni 电触头在电弧侵蚀过程中，材料是从阳极转移到阴极的，而且 Ag/Ni(15) 电触头材料的电弧侵蚀最严重。

2.3.5　Ni 含量对电弧侵蚀形貌的影响

2.3.5.1　三维宏观形貌

图 2-22 所示为 SE 工艺制备的不同 Ni 含量（质量分数）（10%、15% 和 20%）Ag/Ni 电触头材料在 50000 次操作下阴、阳两极电触头的三维宏观侵蚀形貌。从图可以看出，Ni 含量不同，Ag/Ni 电触头材料的电弧侵蚀形貌不同。随着 Ni 含量的增加，Ag/Ni 电触头阴极和阳极的表面侵蚀逐渐严重，阳极触头表面的侵蚀凸峰逐渐增大，阴极触头表面的侵蚀凹坑逐渐变深。因此，随着 Ni 含量的增加，Ag/Ni 电触头材料的抗电弧侵蚀性能反而降低。

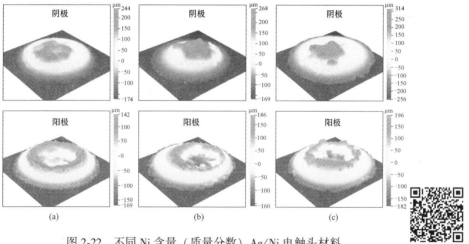

图 2-22　不同 Ni 含量（质量分数）Ag/Ni 电触头材料
50000 次操作后阴极和阳极的三维宏观侵蚀形貌
(a) 10%；(b) 15%；(c) 20%

扫一扫查看彩图

2.3.5.2　二维宏观形貌

图 2-23 所示为 SE 工艺制备的不同 Ni 含量（质量分数）（10%、15% 和 20%）Ag/Ni 电触头材料在 50000 次操作下的二维宏观电弧侵蚀形貌。从图可以看出，在 50000 次电弧操作下，Ag/Ni 电触头材料的阴极和阳极表面都出现了严重的电弧侵蚀斑；随着 Ni 含量的增加，Ag/Ni 电触头材料的阴极和阳极表面的电弧侵蚀斑越来越大。因此，Ag/Ni 电触头材料的抗电弧侵蚀性能随着 Ni 含量的增加

而降低。

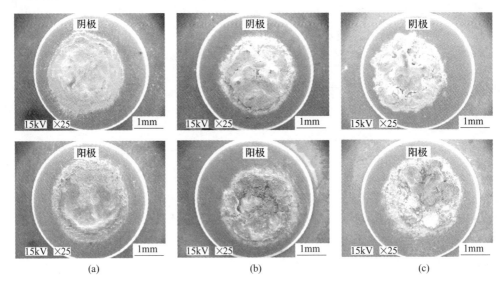

(a)　　　　　　　　　(b)　　　　　　　　　(c)

图 2-23　不同 Ni 含量（质量分数）Ag/Ni 电触头材料
50000 次操作后阴极和阳极的二维宏观侵蚀形貌
（a）10%；（b）15%；（c）20%

扫一扫查看彩图

参 考 文 献

[1]　Li J L, Han Z C, Xiong J T, et al. Study on Microstructure and Strength of AgNi Alloy/Pure Al Vacuum Diffusion Bonded Joints [J]. Materials & Design, 2009, 30 (8): 3265-3268.

[2]　李素华，余惺，李国伟，等. AgNi 触点材料电性能研究 [J]. 电工材料，2011 (2)：7-12.

[3]　张万胜. 石墨添加剂对 AgNi 触头特性影响 [J]. 电工合金，1996 (2)：25-31.

[4]　张万胜. 电触头材料国外基本情况 [J]. 电工合金，1995 (01) 1：20.

[5]　Michal R., Saegar K. E. Metallurgical aspects of silver-based contact materials for air-break switching devices for power engineering [J]. Components Hybrids & Manufacturing Technology IEEE Transactions on 1989, 12 (1): 71-81.

[6]　李恒，侯月宾. AgNi 系列触头材料在直流灯负载下的电侵蚀特点 [J]. 电工材料，2005 (03)：12-14, 25.

[7]　郑新建，王其平. AgNi 触头材料电弧侵蚀形貌的类型及其形成机理 [J]. 西安交通大学学报，1993 (02)：5-12, 44.

[8]　李震彪，程礼椿. AgNi 等触头材料的表面劣化研究 [J]. 华中理工大学学报，1995 (10)：22-25.

[9]　李靖，马志瀛，李建明，黄绍平，50Hz 和 400Hz 下 Ag 基合金电触头材料的电弧侵蚀 [J]. 电工技术学报，2010, 25 (08)：1-5.

［10］Behrens V，Michal R，Minkenberg N，et al. Erosion mechanisms of different types of Ag/Ni 90/10 materials ［C］，Proceedings of 14th ICEC ［C］. Paris：Piscataway IEEE，1988：417-421．

［11］梁秉钧，张万胜. 银镍电触头材料不同组织结构对性能的影响 ［J］. 电工合金文集，1989（03）：18-28.

［12］Sawa K，Yoshida K，Watanabe M，Suzuki K. Arc Characteristics and Electrode Mass Change of AgNi Contacts for Electromagnetic Contactors ［J］，Astrágalo Revista Cuatrimestral Iberoamericana，2010，460（2）：1-6.

［13］赵泽良，赵越，王崇琳，等. 纳米晶二元双相 Ag.（50）/Ni.（50）合金的制备及其显微组织 ［J］. 中国有色金属学报，2000（03）：361-364.

［14］罗群芳，刘丽琴，王亚平，等. 机械合金化方法制备银镍触头合金的研究 ［J］. 稀有金属材料与工程，2003（04）：298-300.

［15］Kubo S，Kato K. Effect of arc discharge on the wear rate and wear mode of a copper inprognoses metallized carbon contact strip sliding against a copper disk ［J］. Tribology International，1999.（2）：367-378.

［16］王其平. 电器电弧理论 ［M］. 北京：机械工业出版社，1992：100-103.

3 Ag/ZnO 电触头的电弧侵蚀行为

银氧化锌（Ag/ZnO）电触头材料是 20 世纪 60 年代末至 70 年代初发展起来的一种新型电触头材料[1]。像元素 Cd 一样，Zn 属于元素周期表中第 4 周期、第 ⅡB 族。元素 Zn 和 Cd 物理化学特征相似、氧化物蒸汽压相近。ZnO 的热稳定性比 CdO 高，熔点为 1795 ℃，因此 Ag/ZnO 具有优良的抗熔焊性、好的耐电弧侵蚀性、低而稳定的接触电阻、易焊接等优点[2]。已有的研究结果表明，尽管 Ag/SnO₂电触头材料可在大范围内代替 Ag/CdO，但 Ag/SnO₂ 在阻性载荷下的电接触特性远低于 Ag/ZnO 电触头材料[3-7]。此外，Ag/ZnO 电触头材料的生产也不会危害人体及环境[8]。Ag/ZnO 电触头材料的物理、机械和电学性能很大程度上取决于 ZnO 相在银基体中的分散程度，ZnO 的分散程度对制造方法很敏感[9]。Ag/ZnO 电触头材料的制备方法有粉末冶金法和内氧化法[10]。国内制备 Ag/ZnO 电触头材料一般采用合金板内氧化法。此法虽工艺简单，生产效率高，但由于经轧制后的 Ag/Zn 合金板内氧化时氧向合金中扩散困难，很难使合金中 Zn 原子氧化完全，形成均匀弥散的 Ag/ZnO 电触头材料，故往往在合金中间有一"亮带"，即"贫 Zn"区。这一组织的出现，严重降低了材料的抗熔焊性和电寿命。粉末冶金法制备的 Ag/ZnO 材料具有均匀的组织，但密度较低；内氧化法制备的 Ag/ZnO材料能够提高材料密度，但合金中间存在贫氧化区；而合金粉末预氧化法能够克服上述缺点而保留其优点，但是 Ag/Zn 合金粉氧化后，粉末颗粒表面会生成一层 ZnO 膜，使得烧结态的 ZnO 分布不均匀，团聚在粉末颗粒边界处，这不仅影响了材料的后续加工性能，而且会影响材料的物理性能和电性能[11]。微量添加剂能够改善 ZnO 在 Ag 基体中的分布并提高 Ag 与 ZnO 之间的润湿性，从而改善 Ag/ZnO 材料的加工性能和电性能。Akira Shibata 等在 Ag/ZnO 体系中添加了 Ni 或 Co 的金属间化合物获得了具有稳定接触电阻和良好抗熔焊性能的新型接触材料[12]。P. B. Joshia 等研究者在 Ag/ZnO 体系中添加 1.0%（质量分数）LiNO₃改善了烧结密度并获得了细小而弥散的球形氧化物相[13]。T. J. Schoepf 等研究者通过添加钨酸银（Ag₂WO₄）和钼酸银（Ag₂MoO₄）改善 ZnO 颗粒与基体 Ag 的润湿性，以保证 ZnO 颗粒在电弧作用下与基体 Ag 的结合能力[14]。目前关于 Ag/ZnO 电触头材料电弧侵蚀行为的研究还不够深入和系统。本章全面系统介绍了操作次数及 ZnO 含量对 Ag/ZnO 电触头材料电弧侵蚀行为的影响，这对 Ag/ZnO 电触头材料的设计与制造有一定的理论指导意义。

3.1 操作次数对 Ag/ZnO(10)电触头电弧侵蚀行为的影响

3.1.1 操作次数对电接触物理现象的影响

3.1.1.1 电弧能量

图 3-1 所示为 ASE 工艺制备的 Ag/ZnO(10)电触头材料在不同操作次数下的电弧能量概率。结果表明，当操作次数为 10000 次时，电弧能量概率分布与其他操作次数均不同，电弧能量值也最大；当操作次数为 1000 次和 3000 次时，电弧能量概率分布具有 99% 的相似性，它们的平均值也很相近（分别为 312.8mJ 和 309.3mJ）；当操作次数为 5000 次和 20000 次时，电弧能量概率分布也基本相同（99% 的相似性）；40000 次的电弧能量比 30000 次的电弧能量值要小。不同操作次数下，电弧能量平均值从小到大的排序为：N3000（309.3mJ）<N1000（312.8mJ）<N5000（353.6mJ）<N20000（355.9mJ）<N40000（379.7mJ）<N30000（424.3mJ）<N10000（539.2mJ）。

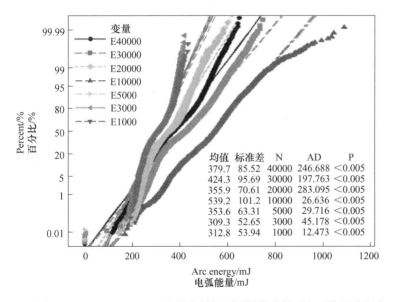

图 3-1 Ag/ZnO(10)ASE 电触头材料不同操作次数下电弧能量的概率

扫一扫查看彩图

N—操作次数；AD—平均偏差；P—概率因子

3.1.1.2 电弧时间

图 3-2 所示为 ASE 工艺制备的 Ag/ZnO(10) 电触头材料在不同操作次数下的

电弧时间概率。结果表明，当操作次数为 10000 次时，电弧时间的概率分布与电弧能量基本相同；操作次数为 1000 次和 3000 次时的电弧时间概率分布基本相同（99%的相似性）；操作次数为 5000 次、20000 次和 40000 次时的电弧时间概率分布有 80%的相似性；操作次数为 30000 次时的电弧时间比 40000 次要大，10000 次时的电弧时间最长。不同操作次数下，电弧时间平均值从小到大的排序为：N3000（3.567ms）＜N1000（3.782ms）＜N5000（4.156ms）＜N20000（4.176ms）＜N40000（4.277ms）＜N30000（4.850ms）＜N10000（6.518ms）。

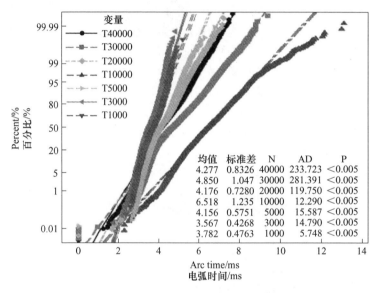

图 3-2　Ag/ZnO(10)ASE 电触头材料不同操作次数下电弧时间的概率　　扫一扫查看彩图
N—操作次数；AD—平均偏差；P—概率因子

3.1.1.3　熔焊力

图 3-3 所示为 ASE 工艺制备的 Ag/ZnO(10)电触头材料在不同操作次数下的熔焊力概率。结果表明，操作次数为 3000 次、5000 次和 10000 次时的熔焊力概率分布基本相同，99%的熔焊力均小于 $5×10^{-2}$N；操作次数为 1000 次的熔焊力稍大于 3000 次、5000 次和 10000 次，99%的熔焊力都小于 $6×10^{-2}$N；操作次数为 20000 次、30000 次和 40000 次时的熔焊力均大于 1000 次，99%的熔焊力小于 $10×10^{-2}$N。不同操作次数下，熔焊力平均值从小到大的排序为：N5000（1.535× 10^{-2}N）＜N3000（1.728×10^{-2}N）＜N10000（2.116×10^{-2}N）＜N1000（3.424×10^{-2}N）＜N40000（4.819×10^{-2}N）＜N20000（5.858×10^{-2}N）＜N30000（6.201×10^{-2}N）。

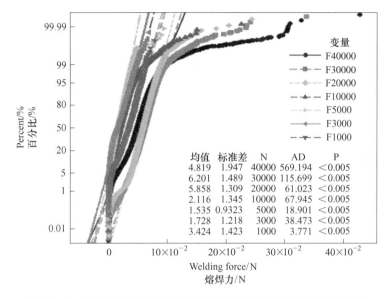

扫一扫查看彩图

图 3-3　Ag/ZnO(10)ASE 电触头材料不同操作次数下熔焊力的概率

N—操作次数；AD—平均偏差；P—概率因子

3.1.1.4　电弧能量、电弧时间和熔焊力平均值

ASE 工艺制备的 Ag/ZnO(10)电触头材料在不同操作次数下电弧能量、电弧时间和熔焊力的平均值如图 3-4 所示。结果表明，随着操作次数的增加，Ag/ZnO(10)ASE 电触头材料电弧能量与电弧时间平均值变化趋势基本一致。当操作次数为 10000 次时，Ag/ZnO(10)ASE 电触头材料的电弧能量和电弧时间平均值最大，分别为 539.2mJ 和 6.518ms；而在其他操作数（1000 次、3000 次、5000 次、20000 次、30000 次、40000 次）下，电弧时间的平均值波动较小。操作次数从 1000 次增加至 10000 次，电弧能量和电弧时间平均值随操作次数的增加而增大。随着操作次数的增加，Ag/ZnO(10)ASE 电触头材料熔焊力平均值变化趋势与电弧能量及电弧时间不同。当操作次数为 30000 次时，Ag/ZnO(10)ASE 电触头材料的熔焊力平均值最大（6.201×10^{-2}N）。操作次数从 1000 次增加到 5000 次，熔焊力平均值随操作次数的增加而降低；操作次数从 5000 次增加到 30000 次，熔焊力平均值随操作次数的增加而增大。

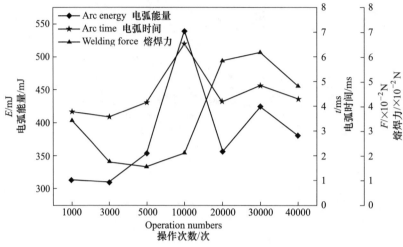

图 3-4   不同操作次数下 Ag/ZnO(10)ASE 电触头材料
电弧能量、电弧时间和熔焊力的平均值

3.1.1.5   电阻率和温度变化值

ASE 工艺制备的 Ag/ZnO(10)电触头材料在不同操作次数下电阻率和温度变化值如图 3-5 所示。结果表明，随着操作次数的增加，Ag/ZnO(10)ASE 电触头材料电阻率变化没有规律可循，而是呈锯齿状变化。当操作次数从 1000 次增加至 10000 次时，Ag/ZnO(10)ASE 电触头材料温升变化基本随着操作次数的增加而

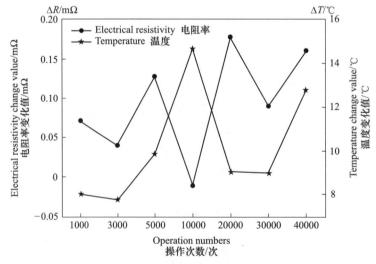

图 3-5   不同操作次数下 Ag/ZnO(10)ASE 电触头材料电阻率和温度变化值
（"-"表示电阻率、温度降低，"+"表示电阻率、温度升高）

增大；当操作次数为 20000 次时，Ag/ZnO(10) ASE 电触头材料电阻率变化值最大（0.175mΩ）；当操作次数为 10000 次时，Ag/ZnO(10) ASE 电触头材料温度变化最大，电阻率变化最小。

3.1.2　操作次数对电弧侵蚀率的影响

图 3-6 所示为 ASE 工艺制备的 Ag/ZnO(10)电触头材料在不同操作次数下的质量变化。从图 3-6 可以看出，在不同操作次数下，阴极电触头上的质量都降低了，其中操作次数为 10000 次时的质量变化最大（1.2mg），操作次数为 3000 次和 5000 次时的质量变化相同且最小（0.2mg）。当操作次数为 5000 次、30000 次和 40000 次时，阳极电触头上的质量增加了，而在其他操作次数下（1000 次、3000 次、10000 次和 20000 次），阳极电触头上的质量都降低了，其中操作次数为 1000 次时的质量变化最大，质量降低了 0.5mg。在不同操作次数下，阴阳两极电触头上总的质量都降低了，其中操作次数为 10000 次时的总质量变化最大（1.4mg），操作次数为 5000 次时的总质量变化最小（0.1mg）。

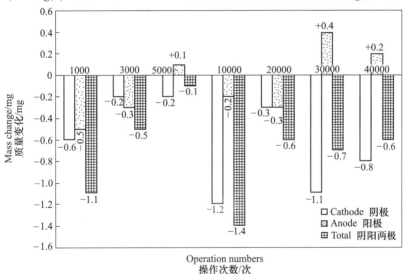

图 3-6　Ag/ZnO(10) ASE 电触头材料不同操作次数下的质量变化
（"-"表示质量降低，"+"表示质量增加）

扫一扫查看彩图

3.1.3　操作次数对电弧侵蚀形貌的影响

3.1.3.1　三维宏观形貌

图 3-7 所示为 ASE 工艺制备的 Ag/ZnO(10)电触头材料在不同操作次数下

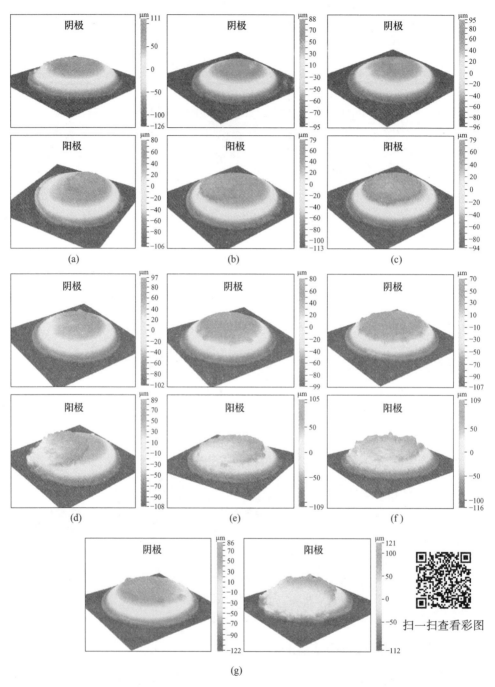

图 3-7   Ag/ZnO(10)ASE 电触头材料不同操作次数下阴极和阳极的三维宏观电弧侵蚀形貌
(a) 1000 次；(b) 3000 次；(c) 5000 次；(d) 10000 次；(e) 20000 次；(f) 30000 次；(g) 40000 次

（1000 次、3000 次、5000 次、10000 次、20000 次、30000 次和 40000 次）阴、阳两极电触头上的三维宏观电弧侵蚀形貌。从图 3-7 可以看出，在电弧侵蚀作用下，Ag/ZnO(10)ASE 阴、阳两极电触头材料表面形貌均发生了变化，且随着操作次数的增加，阴、阳两极电触头表面形貌变化越来越大。当操作次数小于 5000 次时，阴极电触头表面形貌变化不是很大，而阳极电触头表面则出现了圆形的侵蚀斑，且随操作次数的增加，侵蚀斑的直径和深度都增加。当操作次数大于 5000 次时，阴极电触头表面开始出现侵蚀小凸峰，且随操作次数的增加，小凸峰体积增大，个数增多；而阳极电触头表面的圆形侵蚀坑发生塌陷，且随着操作次数的增加，侵蚀坑塌陷越来越严重。在相同操作次数下，阳极电触头表面的形貌变化比阴极电触头严重很多。因此，在相同服役条件下，Ag/ZnO(10)ASE 阳极电触头上的电弧侵蚀比阴极电触头严重，而且随着操作次数的增加，Ag/ZnO(10)ASE 电触头的电弧侵蚀越来越严重。

3.1.3.2 二维轮廓剖面数据

图 3-8 所示为 ASE 工艺制备的 Ag/ZnO(10)电触头材料在不同操作次数下（1000 次、10000 次和 40000 次）阴极和阳极电触头上的二维轮廓数据。当操作次数为 1000 次时，阴极电触头 X 剖面和 Y 剖面轮廓变化不是很大（见图 3-8 (a_1)）；而阳极电触头 X 剖面和 Y 剖面轮廓均发生了变化，X 剖面上右边的轮廓出现了塌陷，Y 剖面上则出现了侵蚀凹坑（见图 3-8 (a_2)）。当操作次数为 10000 次时，阴、阳两极电触头 X 剖面和 Y 剖面轮廓均发生了变化，阴极电触头 X 剖面出现了小凸峰和轻微塌陷，Y 剖面出现了小凸峰和较大塌陷（见图 3-8 (b_1)）；阳极电触头 X 剖面和 Y 剖面均出现了较大的塌陷（见图 3-8 (b_2)）。当操作次数为 40000 次时，阴极电触头 X 剖面出现了小凹坑，Y 剖面出现了小凸峰（见图 3-8 (c_1)）；阳极电触头 X 剖面出现了凹坑和凸峰，Y 剖面则出现了凸峰和很严重的塌陷（见图 3-8 (c_2)）。因此，随着操作次数的增加，Ag/ZnO(10)ASE 阴、阳极两极电触头二维轮廓变化越来越严重。

3.1.3.3 二维宏观形貌

图 3-9 所示为 ASE 工艺制备的 Ag/ZnO(10)电触头材料在不同操作次数下（1000 次、3000 次、5000 次、10000 次、20000 次、30000 次和 40000 次）阴、阳两极电触头的二维宏观电弧侵蚀形貌。从图 3-9 可以看出，当操作次数较小时，阴、阳两极电触头表面形貌变化不大，但随着操作次数的增加，阴、阳两极电触头表面形貌变化越来越严重，电触头表面出现的侵蚀斑也越来越大。在相同操作次数下，阳极电触头表面形貌变化比阴极严重。这说明随着操作次数的增加，电触头表面发生的电弧侵蚀越来越严重，且在相同操作次数下，阳极电触头上发生的电弧侵蚀比阴极严重。

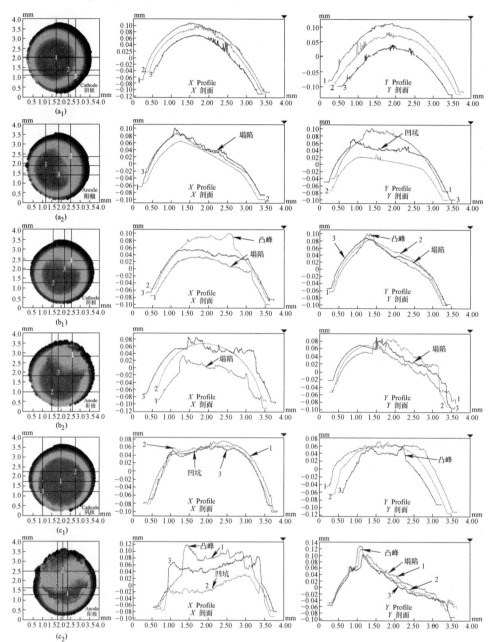

图 3-8 Ag/ZnO(10)ASE 电触头材料不同操作次数下
阴极和阳极的二维轮廓数据

(a₁), (a₂) 1000 次; (b₁), (b₂) 10000 次; (c₁), (c₂) 40000 次

扫一扫查看彩图

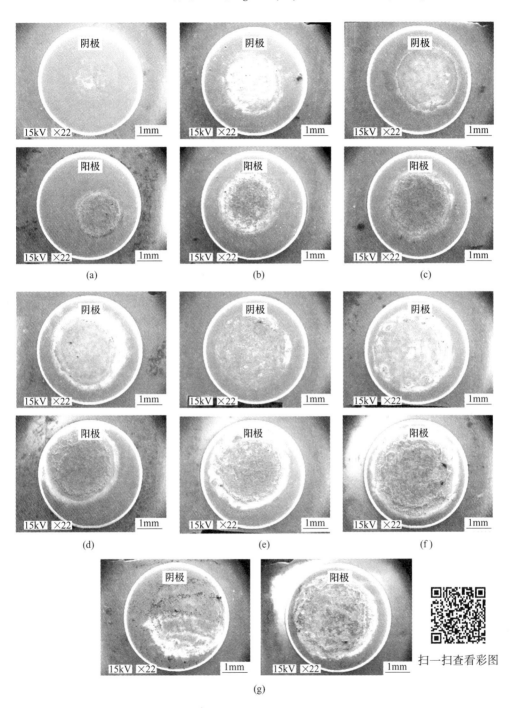

图 3-9 Ag/ZnO(10)ASE 电触头材料不同操作次数下阴极和阳极的二维宏观电弧侵蚀形貌

(a) 1000 次；(b) 3000 次；(c) 5000 次；(d) 10000 次；(e) 20000 次；(f) 30000 次；(g) 40000 次

图 3-10 所示为不同操作次数下，ASE 工艺制备的 Ag/ZnO(10) 电触头材料阴极、阳极和总侵蚀斑直径数据。从图 3-10 可以看出，在相同操作次数下，阳极电触头上侵蚀斑直径都要大于阴极；此外随着操作次数的增加阴极、阳极和总的侵蚀斑直径都增加。

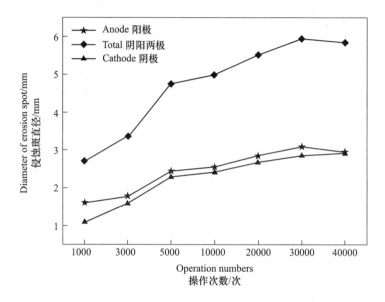

图 3-10　不同操作次数下 Ag/ZnO(10)ASE 电触头材料表面侵蚀斑直径

扫一扫查看彩图

3.1.4　操作次数对横截面显微组织的影响

图 3-11 所示为不同操作次数下，ASE 工艺制备的 Ag/ZnO(10) 电触头材料阴极和阳极电触头横截面金相显微组织。从图 3-11 可以看出，在电弧操作下，Ag/ZnO(10)ASE 电触头材料表层附近并没有形成明显的银熔池，也未能观察到明显侵蚀区。随着操作次数的增加，Ag/ZnO(10)ASE 电触头材料阴极和阳极横截面金相显微组织并没有明显的差异。

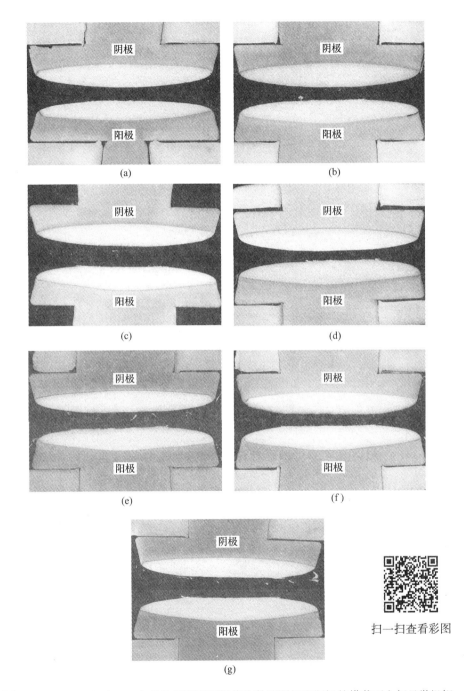

图 3-11 Ag/ZnO(10)ASE 电触头材料不同操作次数下阴极和阳极的横截面金相显微组织

(a) 1000 次；(b) 3000 次；(c) 5000 次；(d) 10000 次；(e) 20000 次；(f) 30000 次；(g) 40000 次

3.2　ZnO 含量对 Ag/ZnO 电触头电弧侵蚀行为的影响

3.2.1　ZnO 含量对电弧能量的影响

图 3-12 所示为 ASE 工艺制备的不同 ZnO 含量（质量分数）(8% 和 10%）Ag/ZnO 电触头材料在 50000 次操作后的电弧能量概率。从图 3-12 可以看出，ZnO 含量的变化对 Ag/ZnO ASE 电触头材料在 50000 次操作下的电弧能量有一些影响。Ag/ZnO(10)ASE 电触头材料电弧能量概率分布与 Ag/ZnO(8)ASE 电触头材料基本相似，只是 Ag/ZnO(10)ASE 电触头材料的电弧能量值要稍高于 Ag/ZnO(8)ASE 电触头。Ag/ZnO(10)ASE 电触头材料 50000 次操作下电弧能量平均值为 374.2mJ；Ag/ZnO(8)ASE 电触头材料 50000 次操作下电弧能量平均值为 341.4mJ。

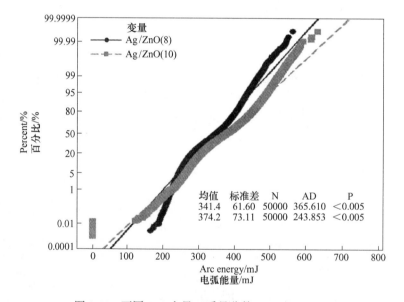

扫一扫查看彩图

图 3-12　不同 ZnO 含量（质量分数）Ag/ZnO ASE
电触头材料 50000 次操作中电弧能量概率
N—操作次数；AD—平均偏差；P—概率因子

3.2.2　ZnO 含量对电弧时间的影响

图 3-13 所示为 ASE 工艺制备的不同 ZnO 含量（质量分数）(8% 和 10%）Ag/ZnO 电触头材料在 50000 次操作下的电弧时间概率。由图 3-13 可以看出，Ag/ZnO(10)电触头材料的电弧时间要比 Ag/ZnO(8)电触头材料的电弧时间稍大些，其概率分布曲线基本相似。Ag/ZnO(10)ASE 电触头材料 50000 次操作下电弧时间

平均值为 4.141ms；Ag/ZnO（8）ASE 电触头材料 50000 次操作下电弧时间平均值为 3.838ms。

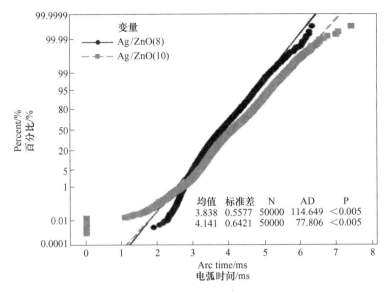

扫一扫查看彩图

图 3-13　不同 ZnO 含量（质量分数）Ag/ZnO ASE
电触头材料 50000 次操作中电弧时间概率
N—操作次数；AD—平均偏差；P—概率因子

3.2.3　ZnO 含量对熔焊力的影响

图 3-14 所示为 ASE 工艺制备的不同 ZnO 含量（质量分数）（8% 和 10%）Ag/ZnO 电触头材料在 50000 次操作下的熔焊力概率。由图 3-14 可以看出，ZnO 含量对 Ag/ZnO ASE 电触头材料操作下的熔焊力有一定的影响。Ag/ZnO（10）ASE 电触头材料的熔焊力要比 Ag/ZnO（8）ASE 电触头材料的熔焊力小很多，其概率分布曲线也不相同，Ag/ZnO（10）ASE 电触头材料 99% 的熔焊力小于 10×10^{-2} N；而 Ag/ZnO（8）ASE 电触头材料 99% 的熔焊力大于 10×10^{-2} N，其最大值达到 50×10^{-2} N。Ag/ZnO（10）ASE 电触头材料 50000 次操作下熔焊力平均值为 3.036×10^{-2} N；Ag/ZnO（8）ASE 电触头材料 50000 次操作下熔焊力平均值为 16.45×10^{-2} N。

3.2.4　ZnO 含量对电弧侵蚀形貌的影响

3.2.4.1　三维宏观形貌

图 3-15 所示为 ASE 工艺制备的不同 ZnO 含量（质量分数）（8% 和 10%）Ag/ZnO

电触头材料在 50000 次操作下阴、阳两极电触头的三维宏观电弧侵蚀形貌。从图 3-15 可以看出，ZnO 含量不同，Ag/ZnO ASE 电触头材料的电弧侵蚀形貌不同。在电弧操作下，Ag/ZnO(8)ASE 电触头阴极表面出现的侵蚀凸峰要比 Ag/ZnO(10)ASE 电触头多且密集，而且 Ag/ZnO(8)ASE 电触头阳极表面出现的侵蚀坑要比 Ag/ZnO(10)ASE 电触头大。因此，Ag/ZnO(10)ASE 电触头材料的抗电弧侵蚀性能要优于 Ag/ZnO(8)ASE 电触头材料。

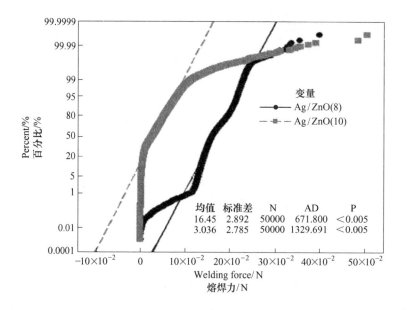

扫一扫查看彩图

图 3-14　不同 ZnO 含量（质量分数）Ag/ZnO ASE
电触头材料 50000 次操作中熔焊力概率
N—操作次数；AD—平均偏差；P—概率因子

3.2.4.2　二维宏观形貌

图 3-16 所示为 ASE 工艺制备的不同 ZnO 含量（质量分数）（8%和 10%）Ag/ZnO 电触头材料在 50000 次操作下的二维宏观电弧侵蚀形貌。从图 3-16 可以看出，在相同操作次数下，ZnO 含量对 Ag/ZnO ASE 电触头材料的电弧侵蚀影响很大。Ag/ZnO(8)ASE 电触头材料阴极和阳极整个表面都出现了电弧侵蚀斑，而且侵蚀斑的面积比 Ag/ZnO(10)ASE 电触头材料大。因此，在相同电弧操作下，Ag/ZnO(8)ASE 电触头材料的电弧侵蚀要比 Ag/ZnO(10)ASE 电触头材料严重。

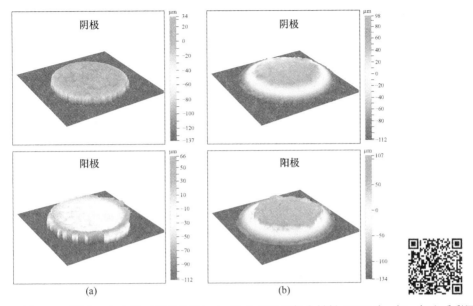

图 3-15 不同 ZnO 含量（质量分数）Ag/ZnO ASE 电触头材料 50000 次　扫一扫查看彩图
　　　　操作后阴极和阳极的三维宏观电弧侵蚀形貌
　　　　（a）8%；（b）10%

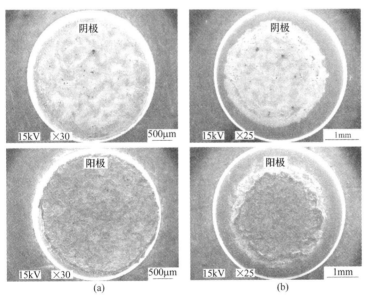

图 3-16 不同 ZnO 含量（质量分数）Ag/ZnO ASE 电触头材料 50000 次　扫一扫查看彩图
　　　　操作后阴极和阳极的二维宏观电弧侵蚀形貌
　　　　（a）8%；（b）10%

参 考 文 献

[1] 胡建新，黄道荣. Ag/ZnO/ Cu 复合铆钉触头材料的研究 [J]. 上海有色金属，1994（2）：92-95.

[2] Schoepf T J, Behrens V, Honig. T, et al. Development of silver zinc oxide for general purpose relays [J]. IEEE Transactions on Parts, Hybrids and Packaging, 2002, 25 (4): 656-662.

[3] Joshi P B, Krishnan P S, Patel. R H, et al. Improved P/M silver-zinc oxide electrical contacts [J]. International Journal of Powder Metallurgy (Princeton, New Jersey), 1998, 34 (4): 63-74.

[4] Kang Y C, Park S B. Preparation of zinc oxide-dispersed silver particles by spray pyrolysis of colloidal solution [J]. Materials Letters, 1999, 40 (3): 129-133.

[5] Nakamura T, Sakaguchi O, Kusamori H. Method for producing Ag-ZnO electrical contact material [P]. US TW517095B, 2003.

[6] Wu C P, Yi D Q, Li J. et al. Investigation on microstructure and performance of Ag/ZnO contact material [J]. Journal of Alloys and Compounds, 2008, 457 (1-2): 565-570.

[7] 陈敬超，孙加林，杜焰，等. 银氧化镉材料的欧盟限制政策与其他银金属氧化物电接触材料的发展 [J]. 电工材料，2002（4）：41-43.

[8] Joshi P B, Murti N S S, Gadgeel V L, et al. Preparation and characterization of Ag-ZnO powders for applications in electrical contact materials [J]. Journal of Materials Science Letters, 1995, 14 (16): 1099-1101.

[9] 黄道荣. 银氧化锌新型触头材料及应用 [J]. 低压电器，1980（4）：29-33.

[10] 谢健全，彭昶，黄和平. Ag-ZnO 触头材料制备工艺对其组织与性能的影响 [J]. 粉末冶金工业，1996，5（6）：34-38.

[11] Zhou J K, Ma F K, Sun X X, et al. Processing, properties and microstructures of Ag/ZnO electrical contact composite [J]. Rare Metals, 1998, 17 (3): 191-192.

[12] Akira S, Yokohama. Composite electrical contact material comprising Ag and intermetallic compounds [P]. US3880777, 1975.

[13] Joshia P B. Krishnan P S. Patel R H, et al. Effect of lithium addition on density and oxide-phase morphology of Ag/ZnO electrical contact materials [J]. Materials Letters, 1997, 33 (3-4): 137-141.

[14] Schoepf T J, Behrens V, Honig T, et al. Development of silver zinc oxide for general-purpose relays [J]. IEEE Transactions on Components and Packaging Technologies, 2002, 25 (4): 656-662.

4 Ag/CuO 电触头的电弧侵蚀行为与机理

  银氧化铜（Ag/CuO）作为一种新型的环保型电触头材料，具有高焊接电阻、低电阻率的特点[1]。氧化铜稳定性高，且与银基体之间具有良好的润湿性、价格低廉、原料丰富等特点使得 Ag/CuO 电触头材料备受关注[2]。目前，Ag/CuO 电触头材料的研究主要集中在制备工艺和性能的改进上。Zhang 利用粉末冶金法制备了 Ag/CuO 电触头材料，发现 Ag/CuO 电触头材料可以满足电力机车 200 万次机械寿命和循环交替湿热试验的使用要求[3]。Yan 讨论了合金内氧化法在制备 Ag/CuO 电触头材料中的应用[4]。Peng 指出铜含量会影响内氧化工艺制备 Ag/CuO 电触头材料的微观结构、物理性能、机械性能和电学性能[5]。Xia 发现 In 的加入提高了 Ag/CuO 电触头材料的抗电弧侵蚀能力[6]。Yan 发现反应合成法可以成功制备 Ag/CuO 电触头材料，并且原位合成的 CuO 颗粒均匀分布在 Ag 基体中，具有特殊的纤维结构[7,8]。Zhou 发现反应合成法制备的 Ag/CuO 电触头材料具有良好的加工性能和优异的交流接触寿命，其与含有相同氧化物质量的 Ag/SnO$_2$ 电触头材料电接触寿命相当[9]。Tao 发现 CuO 颗粒在应力作用下发生变形，形成纤维状 CuO 组织，而纤维状 CuO 含量越高，Ag/CuO 电触头材料的侵蚀面积越小，抗电弧侵蚀性越好[10]。然而，目前对 Ag/CuO 电触头材料电弧侵蚀的研究很少，电弧侵蚀机理尚不清楚。Tao 发现反应合成制备的 Ag/CuO 电触头材料的阳极电触头表面出现了气孔、裂纹、侵蚀凹坑和凸峰，阴极电触头表面出现了一种膏状的尖峰结构[11]。Wang 等研究发现，Ag/CuO(45) 电触头材料中的 CuO 骨架结构可以提高低压开关器件的抗电弧侵蚀特性[12,13]。Wu 发现 Ag/CuO 电触头材料的电弧侵蚀主要是发生了从阳极电触头向阴极电触头的材料转移[14]。现有文献对 Ag/CuO 电触头材料电弧侵蚀的研究主要集中在电弧侵蚀形貌、接触电阻和电性能寿命测试方面，关于 Ag/CuO 电触头材料在电弧侵蚀过程中的电接触物理现象、内部微观结构和成分变化的详细报道较少。本章全面系统介绍了操作次数及 CuO 含量对 Ag/CuO 电触头材料电弧侵蚀行为的影响，分析了 Ag/CuO(10) 电触头材料在电弧侵蚀过程中电接触物理现象、内部微观结构和成分的变化；此外，还讨论了 Ag/CuO(10) 电触头材料电弧侵蚀的形成过程和机理，这对设计和制造抗电弧侵蚀性高的 Ag/CuO 电触头材料有一定的理论指导意义。

4.1 操作次数对 Ag/CuO(10)电触头电弧侵蚀行为的影响

4.1.1 操作次数对电接触物理现象的影响

4.1.1.1 电弧能量

图 4-1 所示为 ASE 工艺制备的 Ag/CuO(10) 电触头材料在不同操作次数下的电弧能量概率。结果表明，当操作次数为 20000 次时，Ag/CuO(10)ASE 电弧能量值比其他操作次数下的电弧能量值都要大，其概率分布曲线也不同于其他操作次数；当操作次数为 1000 次和 40000 次时，Ag/CuO(10)ASE 电触头材料的电弧能量分布有 97% 的相似性，它们的电弧能量平均值也很相近（517.4mJ，490.8mJ）；而当操作次数为 3000 次、5000 次、10000 次和 30000 次时，Ag/CuO(10)ASE 电触头材料的电弧能量分布有 99% 的相似性。不同操作次数下，电弧能量平均值从小到大的排序为：N30000（345.1mJ）< N10000（375.0mJ）< N3000（400.2mJ）< N5000（426.8mJ）< N40000（490.8mJ）< N1000（517.4mJ）< N20000（914.5mJ）。

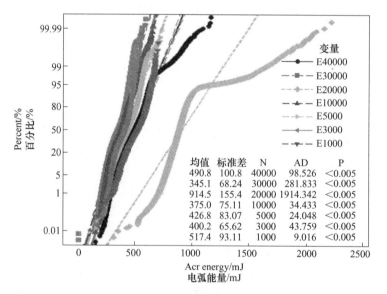

图 4-1　Ag/CuO(10)ASE 电触头材料不同操作次数下电弧能量的概率　　　扫一扫查看彩图
N—操作次数；AD—平均偏差；P—概率因子

4.1.1.2 电弧时间

图 4-2 所示为 ASE 工艺制备的 Ag/CuO(10) 电触头材料在不同操作次数下

的电弧时间概率。结果表明，当操作次数为 20000 次时，Ag/CuO(10) ASE 电触头材料的电弧时间最长，其概率分布曲线也不同于其他操作次数；当操作次数为 1000 次和 40000 次时，Ag/CuO(10) ASE 电触头材料的电弧时间概率分布具有 97%的相似性；而操作次数为 3000 次、5000 次、10000 次和 30000 次时，Ag/CuO(10) ASE 电触头材料的电弧时间概率分布有 99%的相似性。不同操作次数下，电弧时间平均值从小到大的排序为：N30000(4.367ms)<N10000(4.707ms)< N3000(4.722ms)<N5000(4.917ms)<N40000(5.577ms)<N1000(5.919ms)< N20000(10.77ms)。比较图 4-1 和图 4-2 可以发现，在不同操作次数下，Ag/CuO(10) ASE 电触头材料的电弧能量概率分布与电弧时间概率分布基本相似。

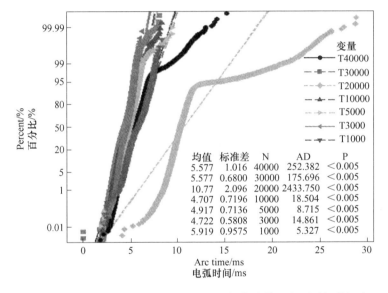

图 4-2 Ag/CuO(10) ASE 电触头材料不同操作次数下电弧时间的概率   扫一扫查看彩图
N—操作次数；AD—平均偏差；P—概率因子

4.1.1.3 熔焊力

图 4-3 所示为 ASE 工艺制备的 Ag/CuO(10) 电触头材料在不同操作次数下的熔焊力概率。结果表明，在操作次数为 30000 次的通断实验中，Ag/CuO(10) ASE 电触头材料发生了熔焊，其熔焊力达到了 400×10^{-2}N；而在其他操作次数下的通断实验中，Ag/CuO(10) ASE 电触头材料未出现熔焊现象，它们的熔焊力概率分布基本相同，并且它们 95%的熔焊力都小于 10×10^{-2}N。不同操作次数下，熔焊力平均值从小到大的排序为：N5000(1.123×10^{-2}N)<N3000(1.600×10^{-2}N)< N10000(1.983×10^{-2}N)<N20000(2.028×10^{-2}N)<N1000(3.003×10^{-2}N)<N40000 (3.826×10^{-2}N)<N30000(7.925×10^{-2}N)。

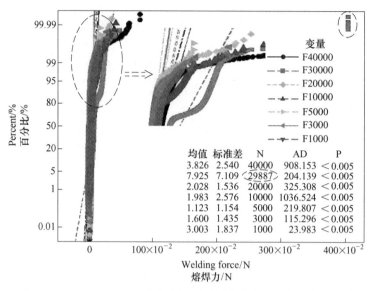

扫一扫查看彩图

图 4-3 Ag/CuO(10)ASE 电触头材料不同操作次数下熔焊力的概率
N—操作次数；AD—平均偏差；P—概率因子

4.1.1.4 电弧能量、电弧时间和熔焊力平均值

图 4-4 所示为 ASE 工艺制备的 Ag/CuO（10）电触头材料在不同操作次数下电弧能量、电弧时间和熔焊力的平均值。结果表明，在不同操作次数下，Ag/CuO(10)ASE 电触头材料的电弧能量平均值与电弧时间平均值变化趋势一致。当操作次数为 20000 次时，Ag/CuO(10)ASE 电触头材料的电弧能量和电弧时间平均值最大，分别为 914.5mJ 和 10.77ms；在其他操作次数下（1000次、3000 次、5000 次、10000 次、30000 次、40000 次），电弧能量和电弧时间的平均值波动较小。在不同操作次数下，Ag/CuO(10)ASE 电触头材料熔焊力平均值与电弧能量、电弧时间平均值的变化趋势不同。当操作次数为 30000次时，Ag/CuO(10)ASE 电触头材料的熔焊力平均值最大（7.925×10^{-2}N）。而在其他操作次数下（1000 次、3000 次、5000 次、10000 次、20000 次），熔焊力平均值变化不大。

4.1.1.5 电阻率和温度变化值

图 4-5 所示为 ASE 工艺制备的 Ag/CuO(10) 电触头材料在不同操作次数下温度和电阻率变化值。结果表明，随着操作次数的增加，Ag/CuO(10)ASE 电触头材料的温度变化值增大。当操作次数小于 10000 次时，Ag/CuO(10)ASE 电触头材料的电阻率变化值随着操作次数的增加而减小；当操作次数为 20000 次时，

Ag/CuO(10) ASE 电触头材料的电阻率变化值最大（0.238mΩ）；当操作数为 30000 时，由于阴极触头和阳极触头之间发生熔焊，导致 Ag/CuO(10) ASE 电触头材料的电阻率和温度变化值丢失。

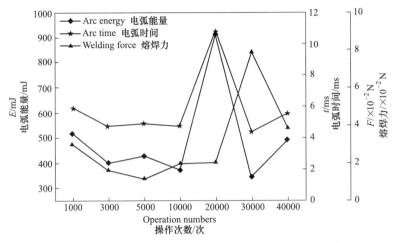

图 4-4　不同操作次数下 Ag/CuO(10) ASE 电触头材料电弧能量、
电弧时间和熔焊力的平均值

扫一扫查看彩图

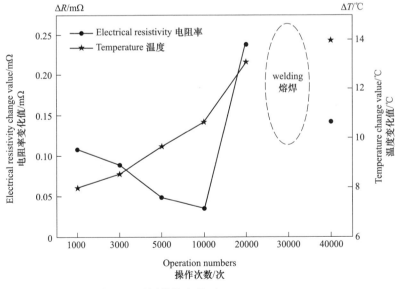

图 4-5　不同操作次数下 Ag/CuO(10) ASE
电触头材料温度和电阻率变化值

扫一扫查看彩图

4.1.2   操作次数对电弧侵蚀率的影响

图 4-6 所示为 ASE 工艺制备的 Ag/CuO(10) 电触头材料在不同操作次数下阴、阳两极电触头及总质量的变化结果。结果表明，除 20000 次外，在不同操作次数下，Ag/CuO(10)ASE 阴极电触头的质量均增加；在不同操作次数下，Ag/CuO(10)ASE 阳极电触头的质量均降低。阴极电触头质量的增加和阳极电触头质量的减小，说明 Ag/CuO(10)ASE 电触头材料在电弧侵蚀过程中发生了从阳极向阴极的材料转移。当操作次数为 30000 次时，阴极电触头和阳极电触头的质量变化最大（分别为 +1.7mg 和 -3.5mg），说明在 30000 次时，Ag/CuO(10)ASE 电触头材料电弧侵蚀最严重；当操作次数为 20000 次时，阴极和阳极的质量都降低了（分别为 -1.2mg 和 -1.6mg），说明 Ag/CuO(10)ASE 电触头材料在电弧侵蚀过程中发生了物质喷溅。当操作次数小于 20000 次时，阴极和阳极的总质量变化随着操作次数的增加而增加；但是，当电弧操作次数大于 20000 次时，阴极和阳极的总质量随着操作次数的增加而减少。

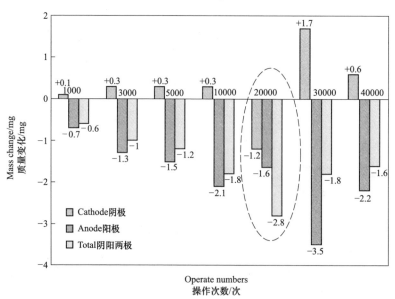

图 4-6   不同操作次数下 Ag/CuO(10)ASE 电触头材料质量变化值
（"-" 表示质量减少，"+" 表示质量增加）

扫一扫查看彩图

4.1.3   操作次数对电弧侵蚀形貌的影响

4.1.3.1   三维宏观形貌

图 4-7 所示为 ASE 工艺制备 Ag/CuO(10) 电触头材料在不同操作次数下，阴

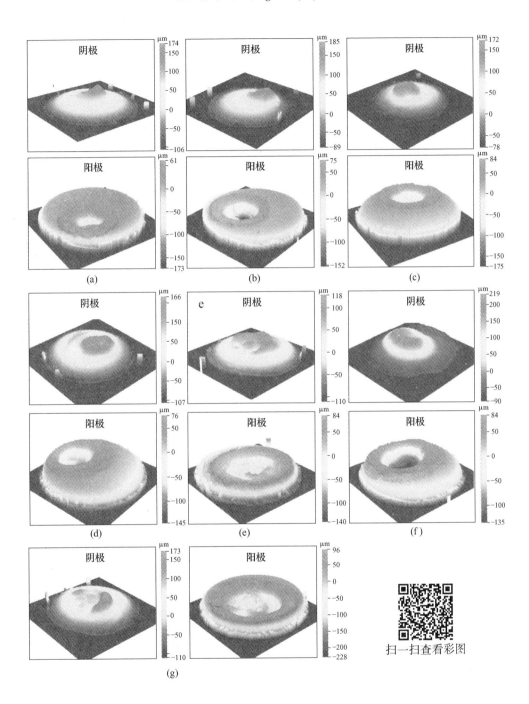

图 4-7 Ag/CuO(10)ASE 电触头材料不同操作次数下阴极和阳极的三维宏观侵蚀形貌

(a) 1000 次;(b) 3000 次;(c) 5000 次;(d) 10000 次;(e) 20000 次;(f) 30000 次;(g) 40000 次

扫一扫查看彩图

极和阳极电触头的三维宏观电弧侵蚀形貌。结果表明，在电弧的作用下，Ag/CuO(10)ASE 电触头材料的表面形貌发生了较大的变化。阴极和阳极电触头表面形貌变化随着操作次数的增加而增大，说明随着操作次数的增加 Ag/CuO(10)ASE 电触头材料的电弧侵蚀越来越严重。在电弧的作用下，阴极电触头表面出现凸峰，凸峰的体积随着操作次数的增加而增大；在电弧的作用下，阳极电触头表面出现凹坑，凹坑的直径和深度随着操作次数的增加而增大。在相同的操作次数下，阳极电触头表面形貌的变化大于阴极，说明阳极电触头上的电弧侵蚀比阴极电触头严重。Ag/CuO(10)ASE 电触头材料 20000 次操作下的电弧侵蚀形貌与 40000 次的电弧侵蚀形貌相似。在 20000 次操作下，Ag/CuO(10)ASE 电触头材料阴极和阳极电触头上的电弧侵蚀面积均大于 30000 次，但电弧侵蚀坑的深度要小于 30000 次。

4.1.3.2　二维宏观形貌

图 4-8 所示为 ASE 工艺制备 Ag/CuO(10) 电触头材料在不同操作次数下，阴极和阳极电触头的二维宏观电弧侵蚀形貌。结果表明，阴极电触头表面出现环形电弧侵蚀点，阳极电触头表面出现电弧侵蚀坑。随着操作次数的增加，阴极和阳极电触头表面形貌的变化越来越大，说明 Ag/CuO(10)ASE 电触头材料的电弧侵蚀随着操作次数的增加越来越严重；此外，在相同操作次数下，阳极电触头上的表面形貌变化比阴极大，说明阳极电触头上的电弧侵蚀比阴极更严重。

不同操作次数后，Ag/CuO(10)ASE 电触头材料阴极、阳极及阴阳两极总的电弧侵蚀斑直径如图 4-9 所示。结果表明，随着操作次数的增加，阴极和阳极电触头上的电弧侵蚀斑直径和总的电弧侵蚀斑直径都增大，说明随着操作次数的增加，阴极和阳极电触头上的电弧侵蚀越来越严重；另外，在相同操作次数下，阳极电触头上的电弧侵蚀斑直径要大于阴极，说明阳极电触头上的电弧侵蚀比阴极上的严重。

4.1.3.3　二维轮廓剖面数据

与质量变化结果相比，二维轮廓接触面 X、Y 剖面上的信息可以更准确、清晰、直观地反映电接触材料阴极和阳极电触头上的电弧侵蚀情况。从接触面 X 和 Y 剖面上的信息可以得到 X 和 Y 方向上峰和坑的宽度、峰高和坑深的数值。X、Y 方向的峰和坑宽度、峰高、坑深的大小可以直接反映电触头材料的电弧侵蚀程度。Ag/CuO(10)ASE 电触头材料不同操作次数后阴极和阳极电触头上的二维轮廓数据如图 4-10 所示。阴极电触头表面 X、Y 剖面信息表明，在电弧的作用下，阴极电触头表面出现凸峰，说明有物质从阳极转移到阴极；在阳极电触头表面 X

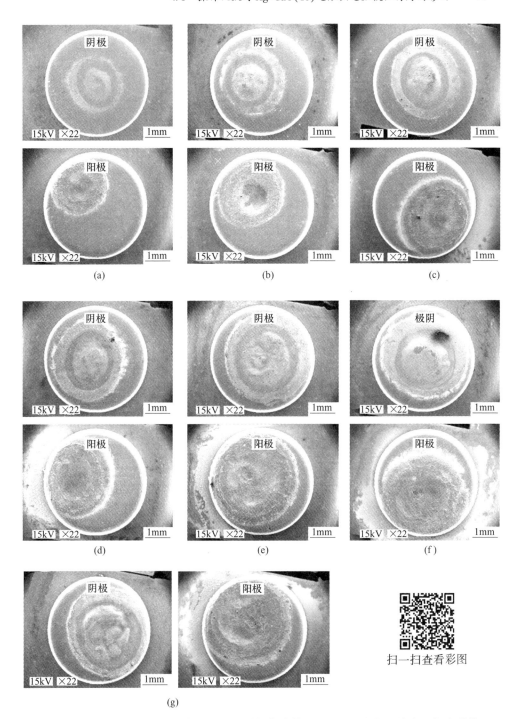

图 4-8 Ag/CuO(10)ASE 电触头材料不同操作次数下阴极和阳极的二维宏观侵蚀形貌
(a) 1000 次；(b) 3000 次；(c) 5000 次；(d) 10000 次；(e) 20000 次；(f) 30000 次；(g) 40000 次

和 Y 剖面上的信息表明，在电弧的作用下阳极电触头表面出现了凹坑，这意味着阳极电触头上材料已经转移到阴极了。因此，在电弧的作用下，Ag/CuO(10) ASE 电触头材料出现了从阳极到阴极的物质转移。此外，可以发现 X、Y 方向的峰宽、坑宽、峰高、坑深的值随着操作次数的增加而增加。说明随着操作次数的增加，Ag/CuO(10)ASE 电触头材料的电弧侵蚀越来越严重。

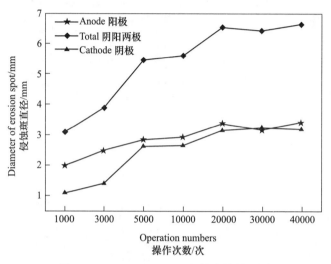

图 4-9   Ag/CuO(10)ASE 电触头材料不同
操作次数下阴极、阳极和阴阳两极电弧侵蚀斑直径

扫一扫查看彩图

4.1.3.4   二维微观形貌

Ag/CuO(10)ASE 电触头材料不同操作次数后，阴极和阳极电触头上的三维和二维宏观形貌表明，电触头材料表面在电弧、各种磁、电的作用下发生了很大的变化。电弧侵蚀是一个复杂的物理化学过程，它会导致材料的结构、成分和表面形貌发生变化。Ag/CuO(10)ASE 电触头材料在电弧作用下的二维微观电弧侵蚀形貌如图 4-11 所示。在电弧、各种磁、电的作用下，Ag/CuO(10)ASE 电触头材料表面出现了不同的电弧侵蚀形貌特征。气孔（见图 4-11（c））、珊瑚状结构喷溅物（见图 4-11（d））、花椰菜结构喷溅物（见图 4-11（g））、熔银（见图 4-11（i））和裂纹（见图 4-11（j））是常见的电弧侵蚀形态特征。除上述常见的电弧侵蚀形态特征外，在 Ag/CuO(10)ASE 电触头材料表面还观察到一些不常见的电弧侵蚀形态特征。根据其出现的区域，可将其分为两类。一类是喷溅区域上出现的不同形状的喷溅产物。另一类是熔融池区域出现的不同形状的反应产物。在喷溅区观察到包子状喷溅物（见图 4-11（a））、线状喷溅物（见图 4-11（b））、针状喷溅物（见图 4-11（h））和球形喷溅物（见图 4-11（k））。而在熔池区域，

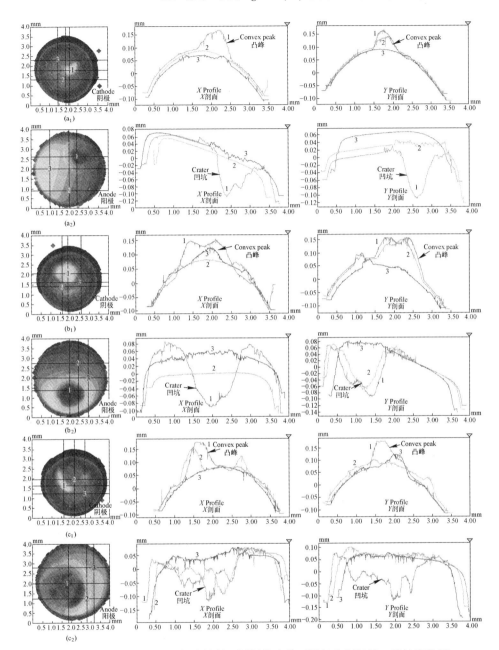

图 4-10 Ag/CuO(10)电触头材料不同操作次数下阴极和阳极的二维轮廓数据
(a_1), (a_2) 1000 次；(b_1), (b_2) 10000 次；(c_1), (c_2) 40000 次

扫一扫看彩图

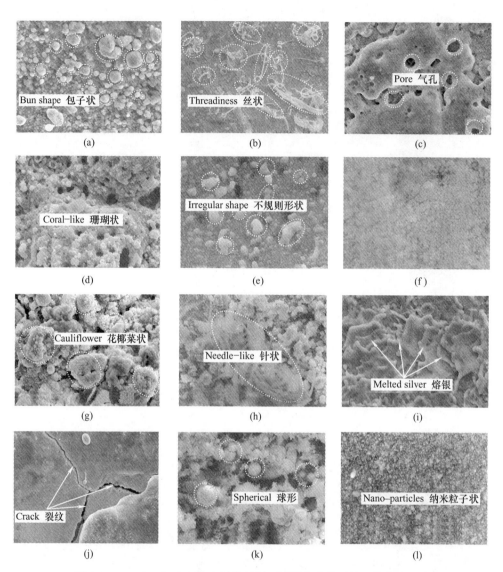

图 4-11 Ag/CuO(10)ASE 电触头材料不同操作次数下的二维微观形貌

（a）包子状；（b）线状；（c）气孔；（d）珊瑚形状；（e）不规则形状；（f）雪粒子；（g）花椰菜；

（h）针状；（i）熔银；（j）裂纹；（k）球形；（l）纳米粒子状

可以观察到不规则形状的反应产物（见图 4-11（e））、雪粒子状反应产物（见图 4-11f）和纳米粒子状反应产物（见图 4-11（l））。

扫一扫查看彩图

4.1.4 操作次数对横截面金相显微组织的影响

图 4-12 是 ASE 工艺制备 Ag/CuO(10) 电触头材料在不同操作次数后阴极和

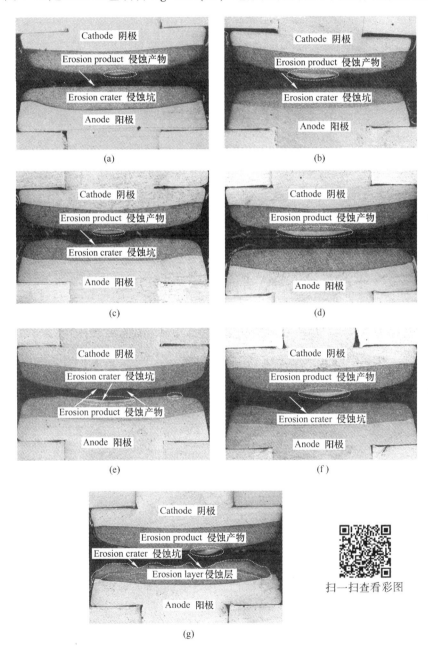

图 4-12 Ag/CuO(10)ASE 电触头材料不同操作次数下阴极和阳极横截面的金相显微组织
(a) 1000 次；(b) 3000 次；(c) 5000 次；(d) 10000 次；(e) 20000 次；(f) 30000 次；(g) 40000 次

阳极的横截面金相显微组织。随着操作次数的增加，Ag/CuO(10)ASE 电触头材料阴极和阳极横截面组织变化越来越大。在不同操作次数下，除 20000 次外，Ag/CuO(10)ASE 电触头材料阴极横截面上均观察到电弧侵蚀产物（见图 4-12 中圆圈所示）。在不同操作次数下，除 10000 次外，Ag/CuO(10)ASE 电触头材料阳极横截面上均观察到电弧侵蚀坑（如图 4-12 中箭头所示）。此外，Ag/CuO(10)ASE 电触头材料在 40000 次操作时，阳极电触头横截面表层附近观察到电弧侵蚀层（见图 4-12 曲线所示）。

4.1.5　操作次数对熔池内元素成分和分布的影响

不同操作次数后，Ag/CuO(10)ASE 电触头材料横截面背散射电子图像（BSE）如图 4-13 所示。结果表明，电弧侵蚀区域的微观结构与正常区域不同。正常区域有黑色颗粒和灰色基体，而电弧侵蚀区域内只有灰色基体。为了了解电弧侵蚀区域的详细信息，利用 EPMA-WDS 分析侵蚀区域和正常区域的组成、元素线分布和面分布。

图 4-13 中不同线的元素分布结果及 ASE 图像如图 4-14 所示。元素线分析结果表明，Ag/CuO(10)ASE 电触头材料电弧侵蚀区主要含银和少量铜，正常区则含有银、铜和氧。此外，电弧侵蚀区银含量低于正常区，而银中溶解铜的含量高于正常区。为了确定 Ag/CuO(10)ASE 电触头材料电弧侵蚀区域和正常区域的成分和物相，利用电子探针波长色散光谱仪对图 4-14 中的不同点进行定量分析，结果见表 4-1。结果表明 Ag/CuO(10)ASE 电触头材料正常区银基体上的氧含量为 0，铜含量小于 2.4at%，黑色颗粒为 CuO 相。阴极电触头电弧侵蚀区银基体中溶解铜含量低于阳极电触头电弧侵蚀区，而且阴极电触头电弧侵蚀区银基体中溶解氧含量高于阳极电弧侵蚀区。此外，阳极电触头电弧侵蚀区域银基体上出现少量 CuO 颗粒（见图 4-14 中 18、23、26、27 点）。Ag/CuO(10)ASE 电触头材料电弧侵蚀区银基体中溶解铜含量普遍高于正常区。

图 4-13 中不同区域的元素面分析结果与 ASE 图像如图 4-15 所示。ASE 图像显示，Ag/CuO(10)ASE 电触头材料正常区黑色氧化铜颗粒均匀分布在灰色银基体上，而电弧侵蚀区仅见灰色银基体。此外，随着操作次数的增加，Ag/CuO(10)ASE 电触头材料电弧侵蚀区域出现裂纹和一些细小的氧化铜颗粒。元素面分析结果表明，阴极电弧侵蚀区主要含 Ag 元素，阴极和阳极正常区主要含 Ag、Cu 和 O 元素，说明在电弧侵蚀作用下 Ag/CuO(10)ASE 电触头材料的微观结构和成分都发生了变化。

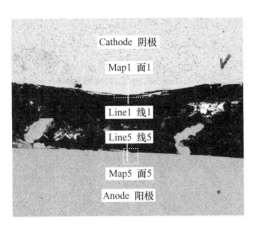

(a)

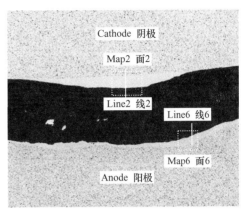

(b)

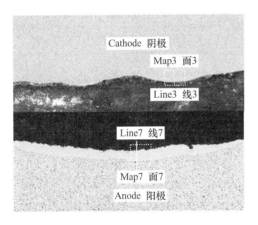

(c)

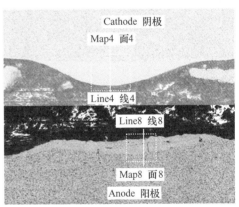

(d)

图 4-13　Ag/CuO(10)ASE 电触头材料不同操作次数后阴极和阳极横截面的 BSE 图像

(a) 1000 次；(b) 5000 次；(c) 20000 次；(d) 40000 次

扫一扫查看彩图

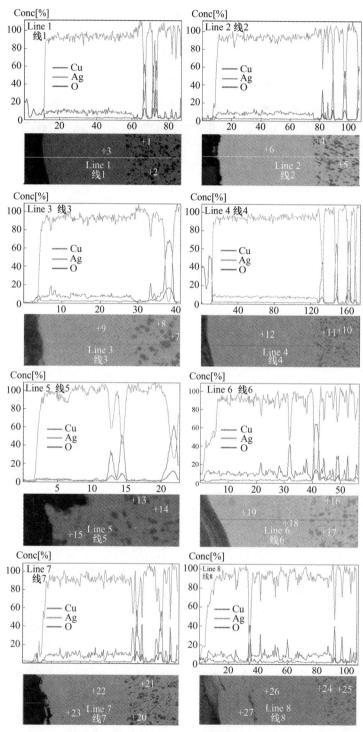

图 4-14　图 4-13 中元素线分析结果和 BSE 图像

扫一扫查看彩图

表 4-1　EPMA-WDS 测得图 4-14 中不同点的成分

电极	区域	点	元素 at%			物　相
			O	Cu	Ag	
阴极	正常区	1	50.55	44.60	4.8410	$Ag+Cu_{0.9}O$
		4	47.7016	40.4549	11.8435	$Ag+Cu_{0.9}O$
		7	46.7023	53.1696	0.1282	$Ag+Cu_{1.1}O$
		10	47.7194	46.9891	5.2916	$Ag+CuO$
		2	0	1.8071	98.1929	Ag matrix
		5	0	1.3697	98.6303	
		8	0	1.279	98.721	
		11	0	0.6492	99.3508	
	侵蚀区	3	5.5405	11.9694	82.4901	$Ag+Cu_{2.2}O$
		6	7.5746	11.2709	81.1545	$Ag+Cu_{1.5}O$
		9	7.037	10.8164	82.1466	$Ag+Cu_{1.5}O$
		12	6.1425	10.7167	83.1407	$Ag+Cu_{1.75}O$
阳极	正常区	13	40.7295	27.8961	31.3745	$Ag+Cu_{0.7}O$
		16	47.4493	51.2191	1.3316	$Ag+Cu_{1.1}O$
		20	46.7023	53.1696	0.1282	$Ag+Cu_{1.1}O$
		24	32.7418	14.9052	52.353	$Ag+Cu_{0.5}O$
		14	0	1.1289	98.8711	Ag matrix
		17	0	1.3076	98.6924	
		21	0	2.3356	97.6644	
		25	0.0661	1.3783	98.5556	
	侵蚀区	15	0	0.6083	99.3917	Ag matrix
		18	13.1086	14.1625	72.7289	$Ag+Cu_{1.1}O$
		19	4.8093	15.8856	79.3051	$Ag+Cu_{3.3}O$
		22	2.6988	13.0553	84.2459	$Ag+Cu_{4.9}O$
		23	30.5279	26.7952	42.6769	$Ag+Cu_{0.9}O$
		26	10.9572	12.2472	76.7956	$Ag+Cu_{1.1}O$
		27	13.5786	17.3362	69.0851	$Ag+Cu_{1.3}O$

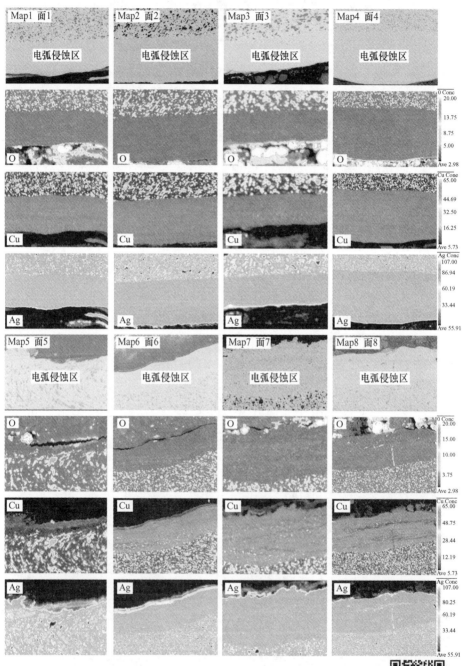

图 4-15 图 4-13 中元素面分析结果和 BSE 图像

扫一扫查看彩图

4.1.6 电弧侵蚀机理

电触头材料的电弧侵蚀是一个非常复杂的物理化学过程，它将导致电接触物理现象（E、t、F、R、t）、表面形貌、微观结构和电触头材料成分的变化，最后导致电触头材料的失效。Ag/CuO(10)ASE 电触头材料的电弧侵蚀结果表明，电弧侵蚀作用改变了 Ag/CuO(10)电触头材料的表面形貌、内部结构和成分。电弧侵蚀作用后，阴极和阳极电触头上都出现了一个电弧侵蚀区。阴极电触头上电弧侵蚀区银基体中溶解的 Cu 和 O 含量小于阳极。此外，电弧侵蚀区银基体中溶解的 Cu 和 O 含量高于正常区。当阴极和阳极电触头连续进行接通和断开操作时，由于电场力、接触力和磁场力的复杂作用，电弧能量、电弧时间、熔焊力、表面形貌、结构和成分都发生变化。在电触头断开过程中，由于接触力和实际导电面积的减小，接触电阻增大。在阴极和阳极电触头接触面分离的瞬间，电接触电阻产生的热量会集中到一个很小的范围内，使电触头表面温度迅速上升到金属的熔点和沸点。无论是在接通还是断开过程中，阴阳两电极之间都会产生电弧。电弧会反复作用于电触头接触面，导致接触面成分和形貌的变化和温度的升高。接触表面温度的升高会导致银基体的熔化。氧化铜颗粒熔点高，分布在液态银中，但由于氧化铜颗粒的密度（6.5g/cm³）小于银的密度（10.5g/cm³），氧化铜颗粒会在地球重力作用下向上移，而银则向下移。氧化铜颗粒在阴极电触头移动到银熔池的底部，而在阳极电触头的氧化铜颗粒则移动到银熔池的顶部。因此，氧化铜颗粒聚集在阴极电触头银熔池的底部和阳极电触头银熔池的顶部。氧化铜颗粒的团聚和接触面积的减小增加了电触头材料的接触电阻，导致电触头材料接触表面产生大量的热量，最终使得阴极和阳极电触头的温度急剧升高。随着温度的升高，银熔池中的氧化铜颗粒将发生一系列的化学反应。其中一些氧化铜与空气中的一氧化碳发生还原反应，生成铜和二氧化碳（见式（4-1））。部分氧化铜与空气中的氢发生还原反应，生成铜和水蒸气（见式（4-2））。当温度超过1000℃时，部分氧化铜颗粒分解形成氧化亚铜和氧气（见式（4-3））。氧化亚铜与空气中的氧气反应生成氧化铜（见式（4-4））。因此，氧化铜、氧化亚铜、铜和氧出现在电弧侵蚀带的银基体中。随着阴极电触头和阳极电触头的连续开断操作，Ag/CuO(10)ASE 电触头材料的组成、结构和形貌不断变化，最终导致电触头材料发生严重的电弧侵蚀。电弧侵蚀区银基体中溶解铜的量高于正常区，这是由于电弧侵蚀区铜氧化物的还原反应所致。电弧侵蚀区银基体的溶解氧高于正常区，这是由于电弧侵蚀区铜氧化物的分解反应所致。在阴极电触头上，由于地球重力作用，氧化铜主要集中在银熔池的底部，由于氧化铜远离接触面，因此，较少的氧化铜可以被还原。而在阳极中，由于地球重力作用，氧化铜主要集中在银液池表面，因为氧化铜在触头表面，因此，更多的氧化铜可以被还原。最终，阳极电触头电弧侵蚀区银基体中溶解铜和氧的含量高于阴极电触头。这也解释了为何阳极电触头电弧侵蚀比阴极电触头更严重的原因。Ag/CuO(10)ASE 电触头材料的电弧侵蚀过程示意图如图 4-16 所示。Ag/CuO(10)ASE 电触头材料在连续开断操作后，由于接触电阻增大，阴极和阳极电触头之间形成电弧，温度升高，导致银基体的熔化，形成银熔池。银熔池中的氧化铜粒子在地球的引力作用下向上移动。随着温度的持续升高，银熔池中的氧化铜颗粒会与环境中的物质发生一系列的化学反应，并在银基体中产生一些新的物质（铜、氧化亚铜和氧）。Ag/CuO(10)ASE 电触头材料的表面形貌、内部结构和成分的变化将进一步导致电弧侵蚀的加剧，从而改变材料的表面形貌、内部结构和成分，这种循环相互作用最终会导致材料的失效。

$$CuO + CO \longrightarrow Cu + CO_2 \uparrow (g) \tag{4-1}$$

$$CuO + H_2 \longrightarrow Cu + H_2O \uparrow (g) \tag{4-2}$$

$$CuO \longrightarrow 2Cu_2O + O_2 \uparrow (g) \tag{4-3}$$

$$Cu_2O \longrightarrow CuO + Cu \tag{4-4}$$

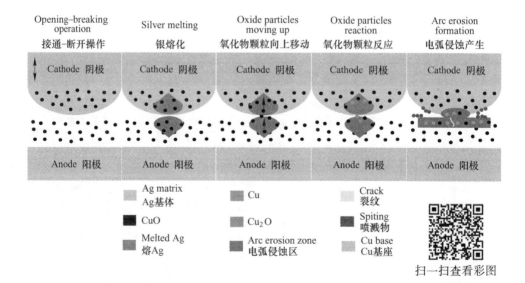

图 4-16 Ag/CuO(10)ASE 电触头材料电弧侵蚀过程示意图

4.2 CuO 含量对 Ag/CuO 电触头电弧侵蚀行为的影响

4.2.1 CuO 含量对电弧能量的影响

图 4-17 为 ASE 工艺制备不同 CuO 含量（质量分数）（10% 和 15%）的 Ag/CuO 电触头材料在 50000 次操作后的电弧能量概率。从图 4-17 可以看出：CuO 含量的变化对 Ag/CuOASE 电触头材料在 50000 次操作中的电弧能量影响不是很大。Ag/CuO（10）和 Ag/CuO（15）电触头材料的电弧能量概率分布具有 95% 的相似性；Ag/CuO（15）电触头材料的电弧能量值要稍低于 Ag/CuO（10）电触头。

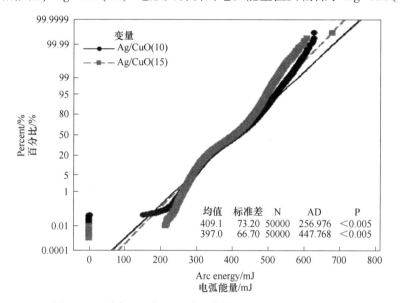

图 4-17　不同 CuO 含量（质量分数）Ag/CuOASE 电触头
材料 50000 次操作中电弧能量概率

扫一扫查看彩图

N—操作次数；AD—平均偏差；P—概率因子

4.2.2 CuO 含量对电弧时间的影响

图 4-18 所示为 ASE 工艺制备不同 CuO 含量（质量分数）（10% 和 15%）Ag/CuO 电触头材料在 50000 次电弧操作下的电弧时间概率。由图 4-18 可以看出，CuO 含量对于 Ag/CuO ASE 电触头材料电弧操作下的电弧时间基本没有什么影响，不同 CuO 含量的 Ag/CuO ASE 电触头材料电弧时间概率分布基本完全一致。

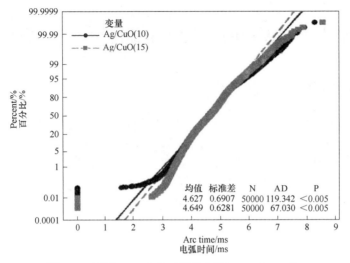

图 4-18　不同 CuO 含量（质量分数）Ag/CuO ASE　　　　扫一扫查看彩图

电触头材料 50000 次操作中电弧时间概率

N—操作次数；AD—平均偏差；P—概率因子

4.2.3　CuO 含量对熔焊力的影响

图 4-19 所示为 ASE 工艺制备不同 CuO 含量（质量分数）（10% 和 15%）Ag/CuO 电触头材料在 50000 次操作下的熔焊力概率。由图 4-19 可以看出，Ag/CuO(15)

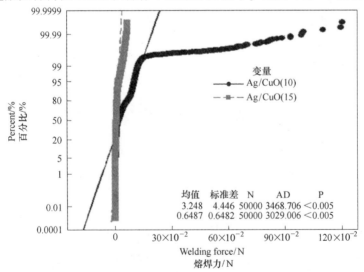

图 4-19　不同 CuO 含量的（质量分数）Ag/CuO ASE 电触头　　　　扫一扫查看彩图

材料 50000 次操作中熔焊力的概率

N—操作次数；AD—平均偏差；P—概率因子

ASE 电触头材料的熔焊力数值比 Ag/CuO(10)ASE 电触头材料小，而且 99% 的熔焊力数值小于 $7.5×10^{-2}$N，而 Ag/CuO(10)ASE 电触头材料 20% 的熔焊力大于 $7.5×10^{-2}$N，其熔焊力最大值达到 $120×10^{-2}$N。

4.2.4 CuO 含量对电弧侵蚀形貌的影响

4.2.4.1 三维宏观形貌

图 4-20 是 ASE 工艺制备不同 CuO 含量（质量分数）（10% 和 15%）Ag/CuO 电触头材料在 50000 次操作下阴、阳两极电触头的三维宏观电弧侵蚀形貌。从图可以看出：CuO 含量不同，Ag/CuOASE 电触头材料的电弧侵蚀形貌不同。在电弧作用下，Ag/CuO(10)ASE 电触头阴极表面出现了 4 个小的电弧侵蚀凸峰，而

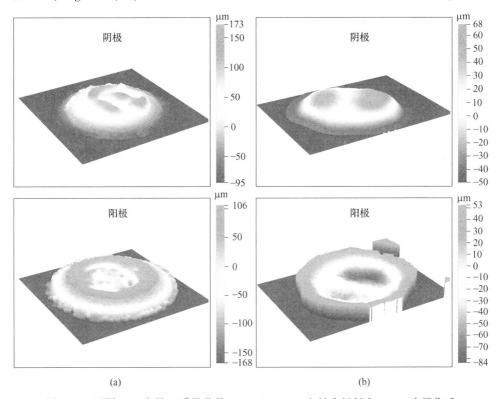

(a)　　　　　　　　　　　　　(b)

图 4-20　不同 CuO 含量（质量分数）Ag/CuO ASE 电触头材料在 50000 次操作后
阴极和阳极的三维宏观侵蚀形貌
（a）10%；（b）15%

Ag/CuO(15)ASE 电触头阴极表面则出现了 2 个大的电弧侵蚀凸峰。在 Ag/CuO(15)ASE 电触头阳极表面出现的侵蚀坑要比 Ag/CuO(10)ASE 电触头大和深。因此，Ag/CuO(10)

扫一扫看彩图

ASE 电触头材料的抗电弧侵蚀性能要优于 Ag/CuO(15)ASE 电触头材料。

4.2.4.2　二维宏观形貌

图 4-21 是 ASE 工艺制备不同 CuO 含量（质量分数）（10% 和 15%）的 Ag/CuO 电触头材料在 50000 次操作下阴、阳两极电触头的二维宏观电弧侵蚀形貌。从图可以看出，在 50000 次操作下，Ag/CuO 电触头材料的表面形貌都发生了很大变化。Ag/CuO(10)ASE 电触头材料阴极表面出现了几个较大的电弧侵蚀凸峰，阳极表面相应出现了几个较深的侵蚀坑；Ag/CuO(15)ASE 电触头材料阴极和阳极表面的形貌变化比 Ag/CuO(10)电触头材料要大，侵蚀斑直径更大，侵蚀坑也更深。因此，在相同的操作次数下，Ag/CuO(10)ASE 电触头材料的抗电弧侵蚀性能要优于 Ag/CuO(15)ASE 电触头材料。

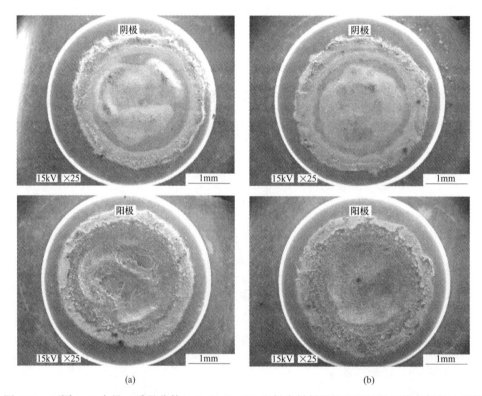

(a)　　　　　　　　　　　　　　　(b)

图 4-21　不同 CuO 含量（质量分数）Ag/CuO ASE 电触头材料阴极和阳极的二维宏观侵蚀形貌
(a) 10%；(b) 15%

扫一扫查看彩图

参 考 文 献

[1] Wang J, Zhao H, Fu C, Chang Y. Effect of CuO additives on the formation of SnO_2-rich layers in Ag/SnO_2 materials [J]. Journal of Alloys and Compounds, 2019 (770): 920-925.

[2] Li G, Cui H, Chen J, Fang X, Feng W, Liu J. Formation and effects of CuO nanoparticles on Ag/SnO_2 electrical contact materials [J]. Journal of Alloys and Compounds, 2017 (696): 1228-1234.

[3] 张齐勋, 谢健全. 粉末冶金银/氧化铜触头材料 [J]. 中国有色金属学报, 1996 (2): 123-126.

[4] 闫杏丽, 陈敬超, 于杰, 胡建红. 合金内氧化法在制备银氧化铜 (Ag/CuO) 电触头材料中的应用 [J]. 电工材料, 2003 (2): 28-31.

[5] Peng X, Li T, Wu W, Ping D. Microstructural characterization of internal oxidation of Ag/Cu alloy [J]. Science in China, Series E: Technological Sciences, 1997, 40 (2): 156-163.

[6] 夏静, 向雄志, 胡旭高, 等. 添加铟对 Ag/CuO 电触头材料的影响 [J]. 贵金属, 2014, 35 (3): 35-39.

[7] 闫杏丽. 银氧化铜电接触材料组织性能研究 [D]. 昆明: 昆明理工大学, 2004.

[8] 闫杏丽, 陈敬超, 周晓龙, 等. 反应合成法制备银氧化铜电触头材料的组织和性能 [J]. 贵金属, 2004, (04): 22-25.

[9] 周晓龙, 陈敬超, 曹建春, 等. 反应合成制备 Ag/CuO 电触头材料及其组织性能 [J]. 机械工程材料, 2005 (11): 49-51.

[10] 陶麒鹦, 纤维状 CuO 组织对 Ag/CuO 电触头材料力学及电接触性能的影响 [D]. 昆明: 昆明理工大学, 2016.

[11] 陶麒鹦, 周晓龙, 周允红, 等. Ag/CuO 电触头材料的接触电阻及电弧侵蚀形貌分析 [J]. 稀有金属材料与工程, 2015, 44 (5): 1219-1223.

[12] Wang J, Kang Y, Wang C. Microstructure and vacuum arc characteristics of CuO skeletal structure Ag/CuO contact materials [J]. Journal of Alloys and Compounds, 2016, 686: 702-707.

[13] Wang J, Kang Y Q, et al. Resistance to arc erosion characteristics of CuO skeleton-reinforced Ag-CuO contact materials [J]. Journal of Alloys and Compounds: An Interdisciplinary Journal of Materials Science and Solid-state Chemistry and Physics, 2018 (756): 202-207.

[14] Wu C P, Yi D Q, Weng W, et al. Influence of alloy components on arc erosion morphology of Ag/MeO electrical contact materials [J]. Transactions of Nonferrous Metals Society of China (English Edition), 2016, 26 (1): 185-195.

[15] Wu C P, Yi D Q, Weng W. et al. Arc erosion behavior of Ag/Ni electrical contact materials [J]. Materials and Design, 2015 (85): 511-519.

5 Ag/CdO 电触头的电弧侵蚀行为与机理

银氧化镉（Ag/CdO）是制造开关器件的电触头材料之一，因其导电率高、接触电阻低且稳定、加工性能好而得到多种应用，被称为"万能触点"[1-3]。近几十年来，由于欧盟对环境问题的关注，在新的电器和电子设备中使用镉的限制一直悬而未决[4-6]。由于新的替代材料未达到工业预期，Ag/CdO 仍被广泛应用于航空航天行业。

关于 Ag/CdO 电触头材料具有优异电性能的原因已经做了大量的研究。Mcbride[7]研究了开启速度对 Ag/CdO 电触头交流电弧侵蚀的影响。他们发现电触头的开启速度导致电弧能量的增加，材料从一个电极到另一个电极的转移取决于电流。Weise 研究了 Ag/CdO 电触头材料在电弧侵蚀作用下的温升结果[8]。他们发现，电弧能量的增加促进了氧化镉的升华，而氧化镉升华的吸热过程降低了温度的上升。Swingler 研究了在直流断路条件下 Ag/CdO 电触头材料的电弧侵蚀特性[9]。他们发现，CdO 有效地减少了熔化银的蒸发，从而提高了 Ag/CdO 电触头材料的抗电弧侵蚀能力。Ling 讨论了 Ag/CdO 电触头材料的电弧侵蚀过程[10]。他们发现，经过多次电弧作用后，Ag/CdO 电触头材料表面出现了低密度的 Ag/Cd 合金。Manhart 讨论了 Ag/CdO 电触头在 AC3 和 AC4 测试条件下的电弧侵蚀行为和可蚀性[11]。他们发现，特定的电流会影响 Ag/CdO 电触头材料的电弧侵蚀和沉积数量、电弧能量和电弧长度。Lee 研究了 Ag/CdO 电触头在单弧放电交叉静态间隙中的电弧行为[12]。他们发现 Ag/CdO 电触头的材料转移方向是从阳极到阴极。Slade 研究了高温对 Ag/CdO 电触头材料中重金属释放的影响[13]。他们发现，在高温下，Cd 会从 Ag/CdO 材料中释放出来，而在 1240℃ 时，只有 8%（质量分数）的 Cd 会释放出来。Wu 研究了 Ag/CdO 电触头材料经过 50000 次操作后的二维和三维电弧侵蚀形貌[14]。他们发现电弧侵蚀形态主要是材料从阳极转移到阴极。Kossowsky 研究了电弧对 Ag/CdO 电触头材料微观结构和形貌的影响[15]。他们发现由于 CdO 的升华，Cd 蒸汽在弧区占主导地位，而且阳极的电弧侵蚀比阴极更严重。Pons 讨论了 Ag/CdO 电触头材料表面微观结构随操作次数的变化[16]。他们发现电触头接触表面出现空洞，氧化镉颗粒在电弧中聚集形成更大的团簇。氧化镉团簇分布越均匀，抗电弧侵蚀性能越好。Hetzmannseder 研究了 Ag/CdO 电触头材料的电弧侵蚀形貌[17]。他们发现接触面上出现了气孔、裂纹、熔化的银。Zhang 研究了 Ag/CdO 电触头材料的电性能[18]。他们发现 Ag/

CdO 电触头具有稳定的接触电阻和良好的熔焊电阻。Zang 讨论了 Ag/CdO 电触头材料的电弧电性能[19]。他们发现 Ag/CdO 电触头材料具有良好的抗电弧侵蚀能力，因为氧化镉分解吸热有利于灭弧，减少基体材料银的蒸发损失。本章全面系统介绍了电弧操作次数及 CdO 含量对 Ag/CdO 电触头材料电弧侵蚀行为的影响，并对电弧侵蚀后触头熔池内的元素分布及形成机理进行了讨论。

5.1 操作次数对 Ag/CdO(10)电触头电弧侵蚀行为的影响

5.1.1 操作次数对电接触物理现象的影响

5.1.1.1 电弧能量

图 5-1 所示为 ASE 工艺制备的 Ag/CdO(10)电触头材料在不同操作次数下的电弧能量概率。结果表明，1000 次和 5000 次的电弧能量分布有 75% 的相似性；3000 次和 30000 次的电弧能量分布有 99% 的相似性；10000 次和 20000 次的电弧能量分布有 80% 的相似性，它们的电弧能量平均值也很相近（441.2mJ，445.3mJ）；40000 次和 5000 次的电弧能量有 99% 的相似性。不同操作次数下，电弧能量平均值从小到大的排序为：N30000(400.7mJ)<N3000(411.2mJ)<N20000(441.2mJ)<N10000(445.3mJ)<N40000(483.8mJ)<N1000(501.7mJ)<N5000(507.7mJ)。

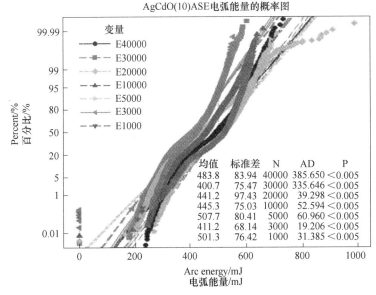

图 5-1　Ag/CdO(10)ASE 电触头材料不同操作次数下电弧能量的概率　　扫一扫查看彩图

N—操作次数；AD—平均偏差；P—概率因子

5.1.1.2　电弧时间

图 5-2 所示为 ASE 工艺制备的 Ag/CdO(10)电触头材料在不同操作次数下的电弧时间概率。结果表明，1000 次电弧操作下的电弧时间有 95% 处于最大；20000 次电弧操作下有 1% 的电弧时间值出现异常大；3000 次和 30000 次的电弧时间概率分布有 95% 的相似性；5000 次、10000 次和 40000 次的电弧时间概率分布有 70% 的相似性。不同操作次数下，电弧时间平均值从小到大的排序为：N30000(4.730ms) < N3000(4.906ms) < N10000(5.238ms) < N40000(5.471ms) < N20000(5.722ms) < N5000(5.884ms) < N1000(6.428ms)。

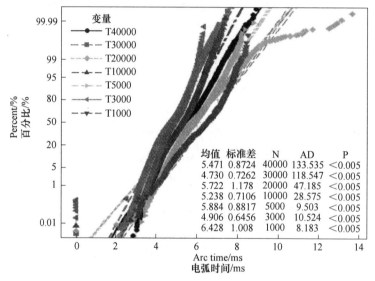

图 5-2　Ag/CdO(10)ASE 电触头材料不同操作次数下电弧时间的概率　　扫一扫查看彩图
N—操作次数；AD—平均偏差；P—概率因子

5.1.1.3　熔焊力

图 5-3 所示为 ASE 工艺制备的 Ag/CdO (10) 电触头材料在不同操作次数下的熔焊力概率。结果表明，40000 次电弧操作实验中，Ag/CdO(10) 电触头材料熔焊力概率分布曲线很不同于其他操作次数下的熔焊力。在 40000 次电弧操作实验中，20% 的熔焊力小于 15×10^{-2} N，30% 的熔焊力值在 $(15 \sim 35) \times 10^{-2}$ N 之间，49% 的熔焊力值在 $(35 \sim 45) \times 10^{-2}$ N 之间。电弧操作 1000 次和 3000 次的熔焊力概率分布十分相似，99% 的熔焊力值都小于 5×10^{-2} N；电弧操作 5000 次、10000 次、20000 次和 30000 次的熔焊力值的 99% 都小于 10×10^{-2} N。

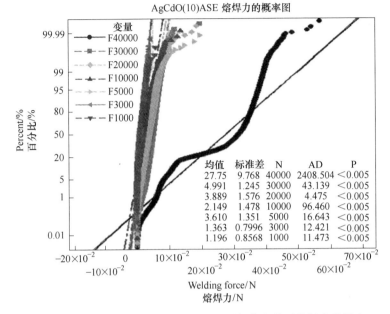

AgCdO(10)ASE 熔焊力的概率图

图 5-3 Ag/CdO(10)ASE 电触头材料不同操作次数下熔焊力的概率 扫一扫查看彩图

N—操作次数；AD—平均偏差；P—概率因子

5.1.1.4 电弧能量、电弧时间和熔焊力平均值

Ag/CdO(10)ASE 电触头材料在不同操作次数下的电弧能量、电弧时间和熔焊力的平均值如图 5-4 所示。当操作次数为 1000～40000 次时，电弧能量平均值波动较大（411～507mJ）。而电弧时间平均值变化幅度较小（4.7～6.5ms）；当操作次数为 1000～30000 次时，熔焊力平均值变化幅度较小（(1～5)×10⁻²N）；而当操作次数为 40000 次时，熔焊力平均值突然急剧增加（27×10⁻²N）。在不同操作次数下，电弧能量平均值变化趋势与电弧时间平均值变化趋势基本一致（20000 次除外）。

5.1.1.5 电阻率和温度变化值

Ag/CdO(10)ASE 电触头材料在不同操作次数下电阻率和温度变化值如图 5-5 所示。在所有操作次数下，温度变化值均为正，说明 Ag/CdO(10)ASE 电触头材料在电弧侵蚀作用下温度升高。不同操作次数下的温度变化值与电弧时间平均值的变化趋势相似；当操作次数小于 10000 次时，电阻率变化值与温度变化趋势相似；而当操作次数大于 10000 次时，电阻率变化值与温度变化趋势相反；当操作次数为 20000 次时，Ag/CdO(10)ASE 电触头材料在电弧侵蚀作用下电阻率降低。

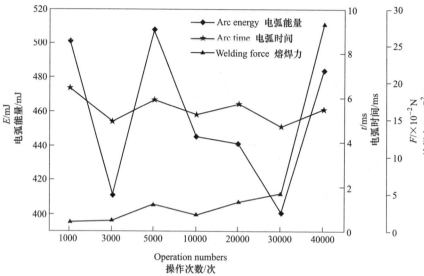

扫一扫查看彩图

图 5-4　Ag/CdO(10)ASE 电触头材料不同操作次数下电弧能量、
电弧时间和熔焊力的平均值

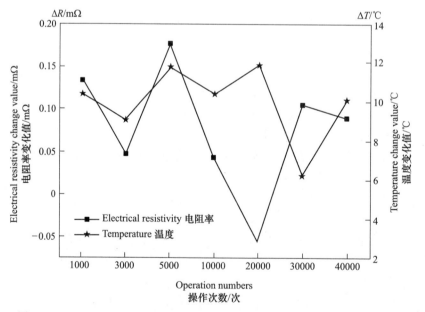

扫一扫查看彩图

图 5-5　Ag/CdO(10)ASE 电触头材料不同操作次数下电阻率和温度的变化值
（"−"表示电阻率、温度降低，"+"表示电阻率、温度升高）

5.1.2 操作次数对电弧侵蚀率的影响

Ag/CdO(10)ASE 电触头材料在不同操作次数下阴极、阳极和阴阳两极总质量变化值如图 5-6 所示。除了 3000 次外,不同操作次数下阴极电触头质量都增加;除了 1000 次和 3000 次外,不同操作次数下阳极电触头质量都降低。阴极电触头质量的增大和阳极电触头质量的减小,说明 Ag/CdO(10)ASE 电触头材料在电弧侵蚀过程中发生了从阳极向阴极的材料转移。当操作次数为 1000 次时,阳极和阴极电触头的质量增加,且阴阳两极总质量变化最大(0.7mg);当操作次数为 10000 次时,阴极电触头上增加的质量等于阳极电触头上减少的质量。除 1000 次和 10000 次外,阴极电触头上增加的质量小于阳极电触头上减少的质量,说明电弧侵蚀过程中不仅存在物质转移,还存在 CdO 的分解和 Cd 的升华。

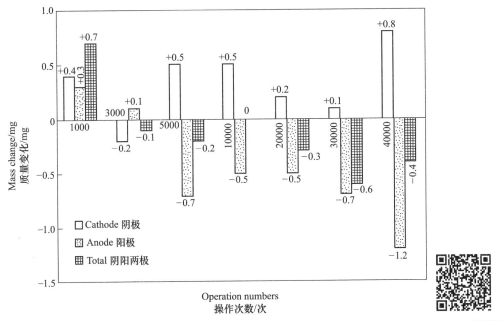

图 5-6　Ag/CdO(10)ASE 电触头材料不同操作次数下阴极、阳极和总质量变化 扫一扫查看彩图
("−"表示质量减少,"+"表示质量增加)

5.1.3 操作次数对电弧侵蚀形貌的影响

5.1.3.1 三维宏观形貌

图 5-7 所示为 ASE 工艺制备的 Ag/CdO(10) 电触头材料在不同电弧操作次数下(1000次、3000次、5000次、10000次、20000次、30000次和40000次)

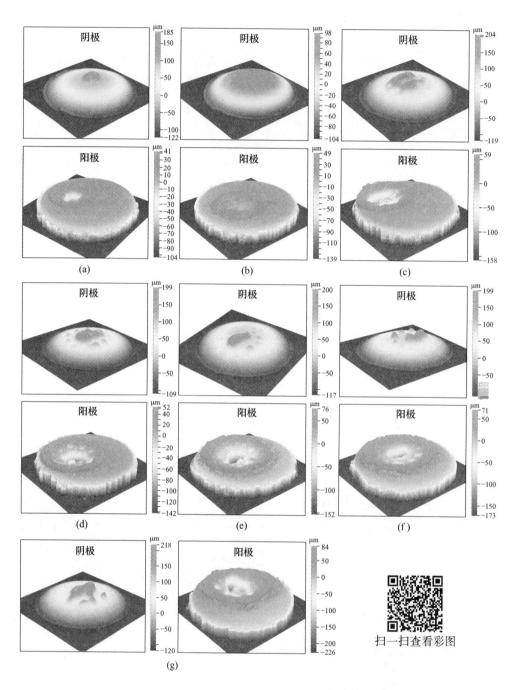

扫一扫查看彩图

图 5-7 Ag/CdO(10)ASE 电触头材料不同操作次数下阴极和阳极的三维宏观电弧侵蚀形貌
（a）1000 次；（b）3000 次；（c）5000 次；（d）10000 次；（e）20000 次；（f）30000 次；（g）40000 次

阴、阳两极电触头的三维宏观电弧侵蚀形貌。从图可以看出，在电弧操作下，Ag/CdO(10)ASE 电触头材料的表面形貌发生了很大的变化，随着操作次数的增加，阴、阳两极电触头表面形貌变化逐渐严重。在电弧侵蚀下，阴极电触头表面出现了凸峰，阳极电触头表面则出现了侵蚀坑，且随着操作次数的增加，侵蚀坑的直径和深度都增加。在相同电弧操作次数下，阳极电触头表面的形貌变化比阴极电触头严重。随着操作次数的增加，阴、阳极电触头的接触面积增加，侵蚀面积也增大。

5.1.3.2 二维宏观形貌

图 5-8 所示为 ASE 工艺制备的 Ag/CdO(10) 电触头材料在不同操作次数下

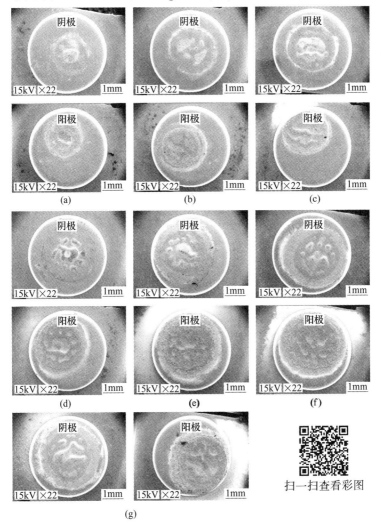

(a)

(b)

(c)

(d)

(e)

(f)

扫一扫查看彩图

(g)

图 5-8 Ag/CdO(10)ASE 电触头材料不同操作次数下阴极和阳极的二维宏观电弧侵蚀形貌
(a) 1000 次；(b) 3000 次；(c) 5000 次；(d) 10000 次；(e) 20000 次；(f) 30000 次；(g) 40000 次

（1000 次、3000 次、5000 次、10000 次、20000 次、30000 次和 40000 次）阴、阳两极电触头的二维宏观电弧侵蚀形貌。从图中可以看出，在电弧操作下，Ag/CdO（10）ASE 电触头材料的阴极表面出现了点状侵蚀斑，而且随着操作次数的增加，侵蚀斑的个数增加，尺寸增大；此外，在电弧操作下，Ag/CdO（10）ASE 电触头材料的阳极表面出现了与阴极相对应的侵蚀坑，随着操作次数的增加，触头表面形貌变化越来越严重。在相同操作次数下，阳极电触头上的表面形貌变化比阴极上的要大，说明阳极上的电弧侵蚀比阳极上的更严重。

　　Ag/CdO（10）ASE 电触头材料在不同操作次数下，阴极、阳极和阴阳两极的电弧侵蚀斑直径如图 5-9 所示。随着操作次数的增加，阴极、阳极和阴阳两极的电弧侵蚀斑直径都增大，说明随着操作次数的增加，阴极和阳极电触头上的电弧侵蚀越来越严重；另外，在相同的操作次数下，阳极电触头上的侵蚀斑直径要大于阴极电触头上的电弧侵蚀斑直径，说明在相同的服役条件下，阳极电触头上的电弧侵蚀比阴极上严重。

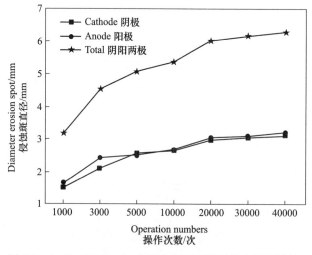

图 5-9　Ag/CdO（10）ASE 电触头材料不同操作次数下阴极、
阳极和阴阳两极的电弧侵蚀斑直径

扫一扫查看彩图

5.1.3.3　二维轮廓剖面数据

　　Ag/CdO（10）ASE 电触头材料不同操作次数后，阴极和阳极上的二维轮廓数据如图 5-10 所示。与质量变化结果相比，接触面 X、Y 剖面上的信息可以更准确、清晰、直观地反映电触头材料阴极和阳极的电弧侵蚀情况。从 X、Y 剖面上的信息可以得到 X、Y 方向上侵蚀凸峰和侵蚀凹坑的宽度、峰高和凹坑深度。X、Y 方向的侵蚀凸峰和侵蚀凹坑宽度、峰高、坑深度数值见表 5-1。X、Y 方向峰坑

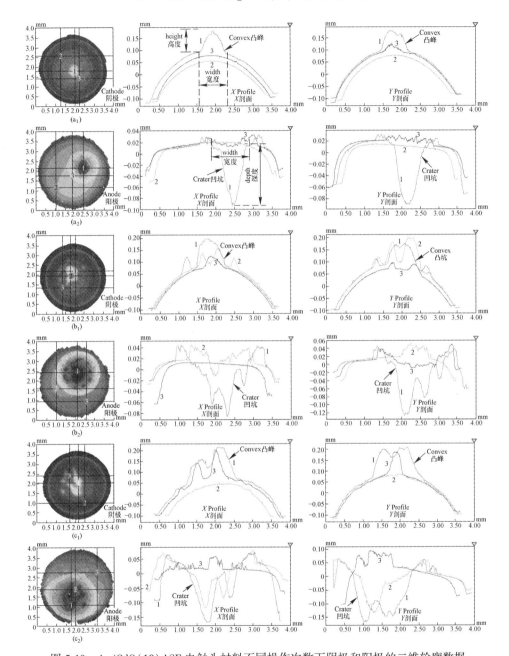

图 5-10　Ag/CdO(10)ASE 电触头材料不同操作次数下阴极和阳极的二维轮廓数据
(a_1)，(a_2) 1000 次；(b_1)，(b_2) 10000 次；(c_1)，(c_2) 40000 次

扫一扫查看彩图

表 5-1   凸峰和凹坑的宽度、高度和深度值   （mm）

电极	轮廓数据	操作次数/次		
		1000	10000	40000
阴极	峰宽	0.55	0.75	1.5
	峰高	0.05	0.13	0.15
阳极	坑宽	0.09	0.11	0.16
	坑深	1	2	2.4

宽度、峰高和坑深的大小直接反映电接触材料的电弧侵蚀程度。阴极表面 X、Y 剖面信息表明，在电弧的作用下，阴极表面出现侵蚀凸峰，说明有物质转移到阴极；而在阳极表面 X 和 Y 剖面上的信息表明，在电弧的作用下阳极表面出现了侵蚀凹坑，这意味着阳极材料已经转移出去了。因此，在电弧的作用下，Ag/CdO(10)ASE 电触头材料出现了从阳极到阴极的物质转移；此外，X、Y 方向的侵蚀凸峰和侵蚀凹坑宽度、峰高、坑深的值随着操作次数的增加而增加，说明随着操作次数的增加，Ag/CdO(10)ASE 电触头材料的电弧侵蚀越来越严重。

5.1.3.4   二维微观形貌

Ag/CdO(10)ASE 电触头材料在电弧作用下的表面微观形貌如图 5-11 所示。在电弧和各种磁力、电力的作用下，Ag/CdO(10)ASE 电触头材料的表面呈现出不同的形貌特征。在 Ag/CdO(10)ASE 电触头材料表面可观察到珊瑚状结构电弧侵蚀物（见图 5-11（e））、蜂窝状结构电弧侵蚀物（见图 5-11（d））、裂纹（见图 5-11（m））、菜花结构电弧侵蚀物（见图 5-11（n））、熔化银（见图 5-11（h））、气孔（见图 5-11（l））等特征形貌，这些形貌是常见的电弧侵蚀形貌特征。除了上述常见的电弧侵蚀特征形貌外，在 Ag/CdO(10)ASE 电触头材料表面还可观察到一些不同寻常的电弧侵蚀形态特征。Ag/CdO(10)ASE 电触头材料表面出现了不规则块状电弧侵蚀物（见图 5-11（a））、大颗粒电弧侵蚀物（见图 5-11（b））、花瓣状电弧侵蚀物（见图 5-11（c））、榴梿壳状电弧侵蚀物（见图 5-11（f））、包子状电弧侵蚀物（见图 5-11（i））、纳米颗粒电弧侵蚀物（见图 5-11（g））、絮状电弧侵蚀物（见图 5-11（j））、小灯泡状电弧侵蚀物（见图 5-11（k））和冰糖状颗粒电弧侵蚀物（见图 5-11（o））、这些不同电弧侵蚀形态特征的形成是电弧侵蚀过程中各种磁力和电力作用的结果。电弧侵蚀是引起材料结构、成分和表面形貌变化的复杂的物理化学过程。

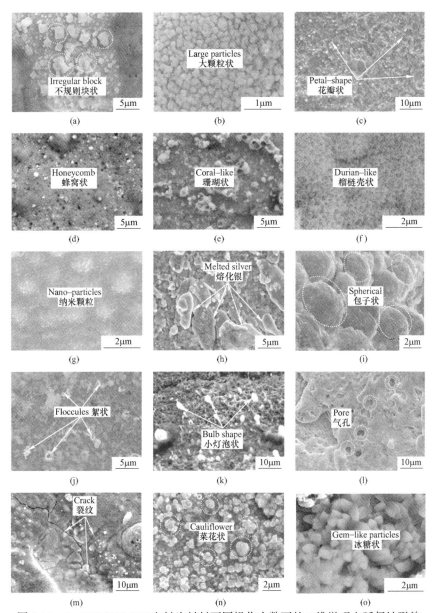

图 5-11　Ag/CdO(10)ASE 电触头材料不同操作次数下的二维微观电弧侵蚀形貌

（a）不规则块状；（b）大颗粒状；（c）花瓣状；（d）蜂窝状；（e）珊瑚状；（f）榴梿壳状；（g）纳米颗粒；

（h）熔化银；（i）包子状；（j）絮状；（k）小灯泡状；（l）气孔；（m）裂纹；（n）菜花状；（o）冰糖状

扫一扫查看彩图

5.1.4 操作次数对横截面金相显微组织的影响

不同操作次数后，Ag/CdO(10)ASE 电触头材料阴极和阳极横截面金相显微组织如图 5-12 所示。Ag/CdO(10)ASE 电触头材料在不同操作次数后，阴极电触头表面均有电弧侵蚀产物（见图 5-12 中圆圈），阳极电触头表面均出现电弧侵蚀坑（见图 5-12 中虚线箭头）。另外，Ag/CdO(10)ASE 电触头材料在 5000 次和 10000 次电弧操作时，阴极电触头表面同时出现了腐蚀产物和凹坑（见图 5-12 中实线箭头）。

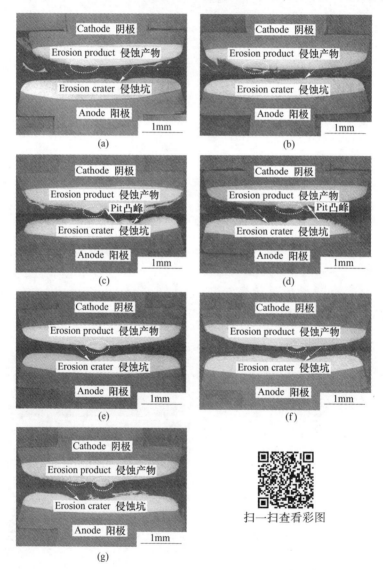

扫一扫看彩图

图 5-12 Ag/CdO(10)ASE 电触头材料不同操作次数下阴极和阳极横截面的金相显微组织
（a）1000 次；（b）3000 次；（c）5000 次；（d）10000 次；（e）20000 次；（f）30000 次；（g）40000 次

5.1.5 操作次数对熔池内元素分布的影响

不同操作次数后，Ag/CdO(10) ASE 电触头材料阴极和阳极横截面上的元素面分布如图 5-13 所示。结果表明，当操作次数为 1000 次时，阴极电触头上出现裂纹（见图 5-13（a₁））和贫 Cd 区（见 Cd 元素面分布）。随着操作次数的增加，阴极电触头上电弧侵蚀区内的 Cd 逐渐聚集，形成一个富 Cd 层（见 Cd 元素面分布）。在阳极电触头表面则有纯 Ag 层（见 Ag 元素面分布）、贫 Cd 层和富 Cd 区（见 Cd 元素面分布）出现。

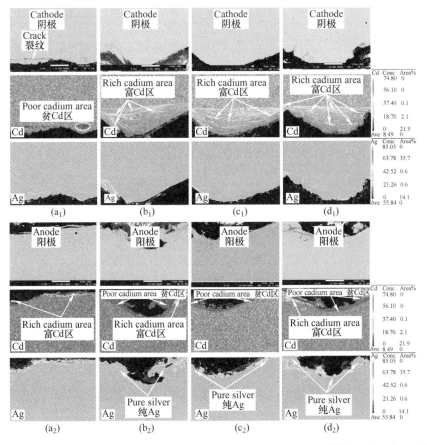

图 5-13 Ag/CdO(10) ASE 电触头材料不同操作次数后阴极和阳极横截面的元素面分布
（a₁），（a₂）1000 次；（b₁），（b₂）5000 次；（c₁），（c₂）20000 次；（d₁），（d₂）40000 次

扫一扫查看彩图

5.1.6 电弧侵蚀机理

电弧侵蚀过程复杂，伴随着物理和化学变化，它能引起电触头材料电接触物理现象、表面宏观形态和微观形态、微观结构和元素分布的变化，最终导致电触头材料失效。Ag/CdO 是一种颗粒增强的银基复合材料，由于氧化镉的低温分解，Ag/CdO 电触头材料具有优异的抗电弧侵蚀性能。在电触头材料接通后断开的过程中，由于接触力和实际导电面积的减小，接触电阻增大，在接触面分离的瞬间，电接触电阻产生的热量会集中到一个很小的范围内，使温度迅速上升到金属的熔点和沸点。Ag/CdO(10)ASE 电触头材料电弧侵蚀过程示意图如图 5-14 所示。无论是在接通或断开过程中，阴、阳两极电触头间将生成电弧（见图 5-14①）。连续的接通和断开操作后，由于接触电阻的增加和阴、阳两极之间电弧的形成，Ag/CdO(10)电触头材料表面的温度将上升（见图 5-14②）。电触头接触表面温度的升高会导致银基体的熔化和氧化镉的分解。银的熔化温度是 960℃，氧化镉的分解温度是 900℃。因此，当电触头表面温度达到 900℃时，氧化镉会优先发生分解（见图 5-14③），其中一部分由氧化镉分解生成的镉将直接升华成镉蒸汽（见图 5-14④），导致贫 Cd 区域的形成（见图 5-13）；一部分由氧化镉分解生成的镉会与空气中的氧气发生反应形成氧化镉（见图 5-14⑤）；一部分由氧化镉分解生成的镉将与基体银形成银镉合金（见图 5-14⑤）。氧化镉的分解或镉的升华会消耗大量的电弧能量，有助于减少电触头的电弧侵蚀。随着操作次数的增加，电弧会反复侵蚀触头接触面，导致接触面成分和形貌发生变化以及触头表面温度升高。当触头表面温度达到 960℃时，基体银融化，形成熔池（见图 5-14⑥）。在地球引力的作用下，在银熔池中低密度（8.6g/cm³）的氧化镉粒子会发生向上移动，高密度（10.5g/cm³）的银则向下移动（见图 5-14⑦）。阴极电触头上的氧化镉颗粒会移动到银熔池的底部，而阳极电触头上的氧化镉颗粒则移动到银熔池的顶部，因此 Cd 元素主要分布在阴极电触头侵蚀区内部和阳极电触头侵蚀区的表面（见图 5-13）。在电弧作用下，银熔池内部的 CdO 发生分解和升华（见图 5-14⑧）。各种机械力和热力重复作用下，在电弧侵蚀区内形成贫 Cd 层、富 Cd 层和纯 Ag 层（见图 5-14⑨），因此，在 Ag/CdO(10)ASE 电触头材料的电弧侵蚀过程中，会发生 CdO 分解、Cd 升华、Cd 氧化和银熔化。氧化镉在分解过程中吸收热量，消耗大量的电弧能量。升华产生的镉蒸汽，具有有效的吹气和自净作用，有利于灭弧和减少银的损失，从而使得 Ag/CdO 电触头材料获得良好的抗电弧侵蚀性能。

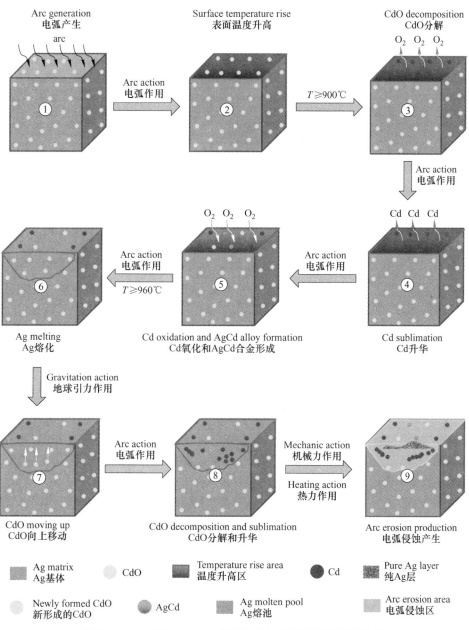

图 5-14 Ag/CdO(10)ASE 电触头材料电弧侵蚀过程示意图

扫一扫查看彩图

5.2　CdO 含量对 Ag/CdO 电触头电弧侵蚀行为的影响

5.2.1　CdO 含量对电弧能量的影响

图 5-15 所示为 ASE 工艺制备的不同 CdO 含量（质量分数）（10%，12%，13.5%和15%）Ag/CdO 电触头材料在 50000 次操作后的电弧能量概率。从图可以看出，CdO 含量的变化对 Ag/CdO 电触头材料在 50000 次操作下的电弧能量影响不是很大。Ag/CdO(15)ASE 电触头材料电弧能量最小。Ag/CdO(10)ASE、Ag/CdO(13.5)ASE 和 Ag/CdO(15)ASE 电触头材料的电弧能量概率分布具有99%的相似性；Ag/CdO(12)ASE 电触头材料的电弧能量值要比其他 Ag/CdO 电触头材料稍大些。不同 CdO 含量的 Ag/CdO ASE 电触头材料电弧能量平均值从小到大的排序为：Ag/CdO(15)（349.3mJ）< Ag/CdO(10)（366.7mJ）< Ag/CdO(13.5)（372.2mJ）< Ag/CdO(12)（402.3mJ）。

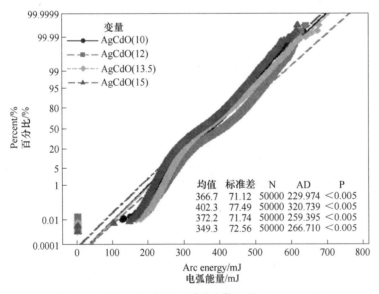

图 5-15　不同 CdO 含量（质量分数）的 Ag/CdO ASE
电触头材料电弧能量概率

扫一扫查看彩图

N—操作次数；AD—平均偏差；P—概率因子

5.2.2　CdO 含量对电弧时间的影响

图 5-16 所示为 ASE 工艺制备的不同 CdO 含量（质量分数）（10%、12%、13.5%和15%）Ag/CdO 电触头材料在 50000 次电弧操作下的电弧时间概率。由

图可以看出：CdO 含量对于 Ag/CdO ASE 电触头材料电弧操作下的电弧时间基本没有什么影响，不同 CdO 含量的 Ag/CdO ASE 电触头材料电弧时间概率分布基本完全一致。不同 CdO 含量的 Ag/CdO 电触头材料电弧时间平均值从小到大的排序为：Ag/CdO(15)(4.103ms)<Ag/CdO(10)(4.153ms)<Ag/CdO(13.5)(4.255ms) <Ag/CdO(12)(4.478ms)。

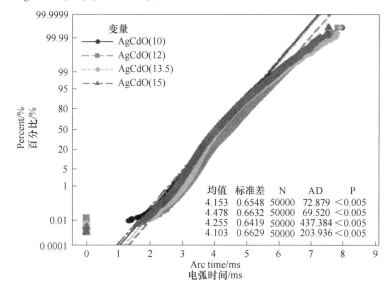

图 5-16　不同 CdO 含量（质量分数）的 Ag/CdO ASE
电触头材料电弧时间概率

扫一扫查看彩图

N—操作次数；AD—平均偏差；P—概率因子

5.2.3　CdO 含量对熔焊力的影响

图 5-17 所示为 ASE 工艺制备的不同 CdO 含量（质量分数）(10%、12%、13.5% 和 15%) Ag/CdO 电触头材料在 50000 次操作下的熔焊力概率。由图可以看出，CdO 含量对于 Ag/CdO ASE 电触头材料电弧操作下的熔焊力影响不大，不同 CdO 含量的 Ag/CdO ASE 电触头材料熔焊力概率分布曲线比较相似，其中 Ag/CdO(15) ASE 电触头材料熔焊力数值要小于 Ag/CdO(10) ASE 电触头材料。不同 CdO 含量的 Ag/CdO ASE 电触头材料熔焊力平均值从小到大的排序为：Ag/CdO (15)(1.306×10⁻²N)<Ag/CdO(12)(2.237×10⁻²N)<Ag/CdO(13.5)(2.270×10⁻²N)< Ag/CdO(10)(2.893×10⁻²N)。

5.2.4　CdO 含量对电弧侵蚀率的影响

图 5-18 为 ASE 工艺制备的不同 CdO 含量（质量分数）(10%、12%、13.5%

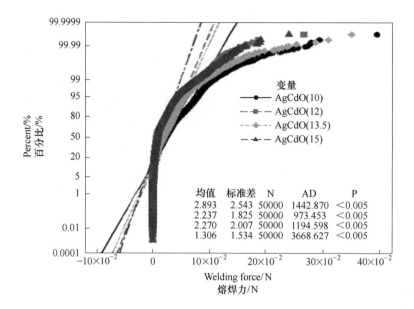

图 5-17　不同 CdO 含量（质量分数）的 Ag/CdO ASE　　　扫一扫查看彩图

电触头材料不同操作次数下熔焊力的概率

N—操作次数；AD—平均偏差；P—概率因子

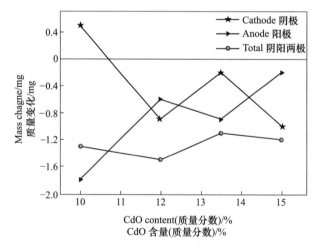

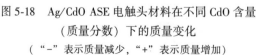

图 5-18　Ag/CdO ASE 电触头材料在不同 CdO 含量　　　扫一扫查看彩图

（质量分数）下的质量变化

（"-"表示质量减少，"+"表示质量增加）

和 15%）Ag/CdO 电触头材料在 50000 次操作后的质量变化。从图可以看出，CdO 含量不同，Ag/CdO ASE 电触头材料的质量变化不同。阳极电触头质量变化从大到小的排序为：Ag/CdO（10）>Ag/CdO（13.5）>Ag/CdO（12）>Ag/CdO（15）；阴极电触头质量变化从大到小的排序为：Ag/CdO（15）>Ag/CdO（12）>Ag/CdO（10）>Ag/CdO（13.5）；总质量变化从大到小的排序为：Ag/CdO（12）>Ag/CdO（10）>Ag/CdO（15）>Ag/CdO（13.5）。除 Ag/CdO（10）ASE 电触头材料阴极质量增加外，其他触头质量都降低了，说明 Ag/CdO ASE 电触头材料在电弧侵蚀过程中，由于氧化镉的分解和升华导致材料的质量下降。

5.2.5　CdO 含量对电弧侵蚀形貌的影响

5.2.5.1　三维宏观形貌

图 5-19 所示为 ASE 工艺制备的不同 CdO 含量（质量分数）（10%、12%、13.5% 和 15%）Ag/CdO 电触头材料在 50000 次操作下阴、阳两极电触头的三维宏观电弧侵蚀形貌。从图可以看出，CdO 含量不同，Ag/CdO ASE 电触头材料阴、阳两极表面形貌变化不同。随着 CdO 含量的增加，Ag/CdO ASE 电触头材料阴、阳两极表面形貌变化越来越小，说明随着 CdO 含量的增加，Ag/CdO ASE 电触头材料的抗电弧侵蚀性能增加；此外，所有含量的 Ag/CdO ASE 阳极电触头表面形貌变化均比阴极严重，说明阳极电触头的电弧侵蚀比阴极电触头严重。阴极电触头表面出现的侵蚀凹凸峰随着 CdO 含量的增加逐渐变小，阳极电触头表面出现的侵蚀凹坑也随着 CdO 含量的增加逐渐变小。Ag/CdO（10）ASE 电触头材料的阴极表面出现了 5 个小凸峰，阳极触头表面则相应出现了 5 个的小凹坑（见图 5-19（a））；Ag/CdO（12）ASE 电触头材料阴极表面出现了 4 个小凸峰，阳极表面出现了 4 个小凹坑，而且小凸峰和小凹坑的体积要小于 Ag/CdO（10）ASE 电触头材料（见图 5-19（b））；Ag/CdO（13.5）ASE 电触头材料阴极表面出现的侵蚀小凸峰体积也小于 Ag/CdO（10）ASE 电触头材料，但小凸峰的个数多于 Ag/CdO（10）ASE 电触头材料（见图 5-19（c））；Ag/CdO（15）ASE 电触头材料阴极表面出现的侵蚀小凸峰最小，表面形貌变化最小（见图 5-19（d））。因此，在相同电弧操作下，Ag/CdO（10）ASE 电触头材料的电弧侵蚀最严重。

5.2.5.2　二维宏观形貌

图 5-20 所示为 ASE 工艺制备的不同 CdO 含量（质量分数）（10%、12%、13.5% 和 15%）Ag/CdO 电触头材料在 50000 次操作下的二维宏观电弧侵蚀形貌。从图可以看出，在电弧操作下，Ag/CdO ASE 电触头材料阴极和阳极表面都出现了圆形侵蚀斑，CdO 含量对 Ag/CdO ASE 电触头材料的电弧侵蚀形貌有一定的影

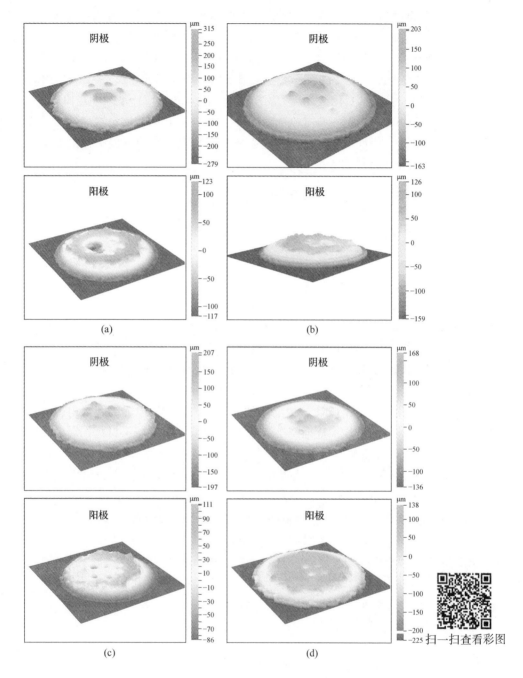

图 5-19　不同 CdO 含量（质量分数）Ag/CdO ASE
电触头材料阴极和阳极的三维宏观侵蚀形貌

（a）10%；（b）12%；（c）13.5%；（d）15%

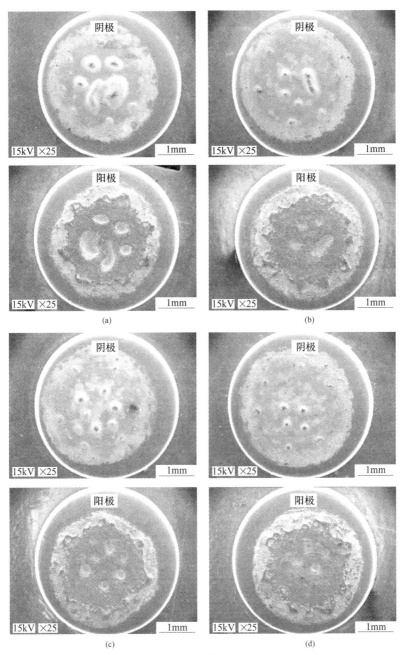

图 5-20　不同 CdO 含量（质量分数）的 Ag/CdO ASE 电触头材料
阴极和阳极的二维宏观侵蚀形貌

（a）10%；（b）12%；（c）13.5%；（d）15%

扫一扫查看彩图

响。Ag/CdO(10)ASE 电触头材料的阴极表面的侵蚀斑内出现了好几个小凸峰，阳极表面的侵蚀斑内则出现了几个相应的侵蚀坑；Ag/CdO(12)ASE 电触头材料阴极表面侵蚀斑内的侵蚀小凸峰小于 Ag/CdO(10)ASE 电触头材料；Ag/CdO(13.5)ASE 电触头材料阴极表面侵蚀斑内的侵蚀小凸峰小于 Ag/CdO(10)ASE 电触头材料，但小凸峰的个数要多于 Ag/CdO(10)ASE 电触头材料；Ag/CdO(15)ASE 电触头材料阴极表面侵蚀斑内的侵蚀小凸峰最小，表面形貌变化最小。因此，在相同电弧操作下，Ag/CdO(10)ASE 电触头材料的电弧侵蚀最严重。

参 考 文 献

[1] Jacimovic J, Felberbaum L. Electro-mechanical properties and welding characteristics of Ag/MoS$_2$, Ag/WS$_2$, Ag/CNTs and Ag/CdO materials for high-DC current contact applications [C]. The 27th International Conference on Electrical Contacts. VDE, 2014: 1-6.

[2] Wingert P C, Leung C H. The development of silver-based cadmium-free contact materials [J]. IEEE Transactions on Components, Hybrids, and Manufacturing, Technology, 1989, 12 (1): 0-20.

[3] Furtado H C, Da V. L. A. Silveira. Metallurgical Study of Ag/Cd and Ag/CdO Alloy Electrical Contacts [J]. IEEE Transactions on Components, Hybrids, and Manufacturing Technology, 1988 (1): 68-73.

[4] Frederic P. Electrical contact materials arc erosion: experimental and modeling towards the design of an Ag/CdO substrate [J]. Georgia Institute of Technology, 2010.

[5] 陈妙农. 我国电触头行业面临新的挑战 [J]. 电工材料, 2005 (01): 29-38.

[6] 陈敬超, 孙加林, 张昆华, 杜焰, 周晓龙, 甘国友. 银氧化镉材料的欧盟限制政策与其它银金属氧化物电接触材料的发展 [J]. 电工材料, 2002 (04): 41-49.

[7] Mcbride J W, Sharkh S M A. The effect of contact opening velocity and the moment of contact opening on the AC erosion of Ag/CdO contacts [C]. Proceedings of IEEE Holm Conference on Electrical Contacts. IEEE, 1993: 87-95.

[8] Weise W, Braumann P, Wenzl H. Thermodynamic analysis of erosion effects of silver-based metal oxide contact materials [C]. Proceedings of the Forty-Second IEEE Holm Conference on Electrical Contacts, 1996: 98-104.

[9] Swingler J, McBride J W. A comparison of the erosion and arc characteristics of Ag/CdO and Ag/SnO$_2$ contact materials under DC break conditions [C]. Electrical Contacts-1995. Proceedings of the Forty-First IEEE Holm Conference on Electrical Contacts. IEEE, 1995: 381-392.

[10] 凌国平, 薛天, 倪孟良, 刘远廷. 银-金属氧化物触头材料电弧侵蚀产物的研究 [J]. 贵金属, 2008 (03): 1-5.

[11] Manhart, Helmut, Werner Rieder. Erosion behavior and 'erodibility' of Ag/CdO and AgSnO$_2$/contacts under AC3 and AC4 test conditions [J]. IEEE Transactions on Components, Hybrids, and Manufacturing Technology, 1990, 13 (1): 56-64.

[12] Lee R T, Chung H H, Chiou Y C. Arc erosion behaviour of silver electric contacts in a single arc discharge across a static gap [J]. IEEE Proceedings-Science, Measurement and Technology,

2001, 148 (1): 8-14.

[13] Slade P G. The effect of high temperature on the release of heavy metals from Ag/CdO and Ag/SnO$_2$ contacts [C]. Proceedings of the Thirty Fourth Meeting of the IEEE Holm Conference on Electrical Contacts, 1988: 17-30.

[14] Wu C P, Yi D Q, Weng W, et al. Influence of alloy components on arc erosion morphology of Ag/MeO electrical contact materials [J]. Trans Nonferrous Met Soc China, 2016, 26: 185-195.

[15] Kossowsky R, Slade P. Effect of arcing on the microstructure and morphology of Ag/CdO contacts [J]. IEEE Transactions on Parts, Hybrids, and Packaging, 1973, 9 (1): 39-44.

[16] Pons F, Cherkaoui M, Ilali I, et al. Evolution of the Ag/CdO contact material surface microstructure with the number of arcs [J]. Journal of Electronic Materials, 2010, 39 (4): 456-463.

[17] Hetzmannseder E, Rieder W. Make-and-break erosion of Ag/MeO contact materials [C]. IEEE Holm Conference on. IEEE, 1995.

[18] 张为军, 堵永国, 胡君遂. 银金属氧化物触点材料电气性能研究 [J]. 电工材料, 2007 (01): 3-6.

[19] Zang C Y, He J J, Chen W, et al. Study on arc electrical contact performance comparison of relay AgCdO/AgSnO$_2$ contacts [C]. Academic Exchange Annual Meeting of Electrical and Electronic Systems and Applications Committee of China Electrotechnical Society, 2009.

6 Ag/SnO₂ 电触头的电弧侵蚀行为与机理

环保型银氧化锡（Ag/SnO₂）电触头材料由于具有良好的抗电弧侵蚀和焊接性能，在低压开关和电气设备中得到了广泛的应用[1,2]。但与 Ag/CdO 相比，Ag/SnO₂ 电触头材料的高接触电阻和温升使得其应用仍然受到限制[3]。大量研究表明，重要材料的加工性能和电性能与微观结构密切相关，而微观结构也与制造方法密切相关。人们普遍认为通过改进制备方法可以提高 Ag/SnO₂ 电触头材料的性能。Li 和他的同事通过自组装沉淀法与粉末冶金法成功地制备了含 CuO 纳米颗粒的 Ag/SnO₂ 电触头材料。他们发现，超细 CuO 纳米颗粒的形成显著提高了 Ag/SnO₂ 电触头材料的电弧分散性和抗电弧侵蚀能力[4]。Lin 和他的合作者开发了一种溶胶-凝胶自燃烧的方法来合成 Ag/SnO₂ 复合粉体，发现复合粉体制备的 Ag/SnO₂ 电触头材料在密度、硬度和电导率方面都有良好的性能[5]。Li 和他的同事通过自组装沉淀法和粉末冶金法成功制备了不同浓度 Zr 和 Fe 掺杂的 Ag/SnO₂ 电触头材料，他们发现，由于形成了 Sn(Zr)O₂ 和 Sn(Fe)O₂ 固溶体，Ag/SnO₂ 电触头材料的电弧分散和抗电弧侵蚀性能得到了显著提高[6]。Vladan 和他的合作者成功地用模板法生产了 Ag/SnO₂ 电触头材料。他们发现，模板法制备的 Ag/SnO₂ 电触头材料比常规粉末混合制备的 Ag/SnO₂ 电触头材料具有更细的 SnO₂ 分散性、更高的密度和更低的孔隙率[7]。Qiao 和他的合作者用一种新的方法制备了银基体中高度分散 SnO₂ 纳米粒子的 Ag/SnO₂ 电触头材料，结果表明，该方法制备的 Ag/SnO₂ 电触头材料密度、硬度和电导率均优于传统方法[8]。Zhang 等通过粉末冶金法制备了不同 SnO₂ 粒径的 Ag/SnO₂ 电触头材料。研究表明，细小的 SnO₂ 颗粒有利于提高 Ag/SnO₂ 电触头材料的抗电弧侵蚀性能[9]。Li 和他的合作者研究了强化相特征对银基电触头材料转移行为的影响。他们发现，对于 Ag/SnO₂ 和 Ag/TiB₂ 电触头材料，细小的强化相颗粒有利于减少质量损失和相对转移质量[10]。Zhou 和他的合作者采用反应合成法结合累积轧制复合工艺制备了 Ag/SnO₂ 电触头材料。他们发现，轧制复合可以促进 SnO₂ 颗粒在银基体中的均匀分布，提高 Ag/SnO₂ 电触头材料的性能[11]。Carvou 和他的合作者研究了用 X 射线散射法测定 Ag 和 Ag/SnO₂ 电极的电弧粒度。他们证实了银基体中含有 30~40nm SnO₂ 颗粒的 Ag/SnO₂ 电触头材料经电弧侵蚀后表面光滑[12]。Zhu 和他的合作者采用液相原位化学方法结合粉末冶金制备了掺杂 Ti 元素的纳米 Ag/

SnO_2 电触头材料。通断能力和温升测试结果表明，与常用的 Ag/SnO_2 相比，掺杂 Ti 元素的纳米 Ag/SnO_2 电触头材料具有更好的抗电弧侵蚀能力和更低的温升[13]。综上所述，制备工艺对 Ag/SnO_2 电触头材料的微观结构、工作性能和电弧侵蚀行为有重要影响。然而，关于制备工艺与 Ag/SnO_2 电触头材料电弧侵蚀关系的报道很少。制备工艺对 Ag/SnO_2 电触头材料电弧侵蚀过程的影响机理及电弧侵蚀机理尚不清楚。目前 Ag/SnO_2 电触头材料的制备方法主要有内氧化 (IO)[14,15]、雾化-烧结-挤压（ASE）[16]、化学包覆-烧结-挤压（CSE）[17]和混合-烧结-挤压（MSE）[18]。本章全面系统介绍了操作次数、SnO_2 含量及制备工艺对 Ag/SnO_2 电触头材料电弧侵蚀行为的影响，重点研究了不同工艺（ASE、CSE 和 MSE）制备 Ag/SnO_2 电触头材料的电弧侵蚀行为和电弧侵蚀机理，并解释了制备工艺对 Ag/SnO_2 电触头材料电弧侵蚀的影响机理，这有助于为设计和制造电性能好、抗电弧侵蚀能力强的 Ag/SnO_2 电触头材料提供理论指导。

6.1　操作次数对 Ag/SnO₂(10)电触头电弧侵蚀行为的影响

6.1.1　操作次数对电接触物理现象的影响

6.1.1.1　电弧能量

图 6-1 所示为不同工艺（ASE、CSE、MSE）制备的 $Ag/SnO_2(10)$ 电触头材料在不同操作次数下的电弧能量概率。$Ag/SnO_2(10)$ ASE 电触头材料电弧能量概率（见图 6-1（a））表明 1000 次、3000 次、5000 次和 30000 次的电弧能量概率分布基本相似，而 10000 次、20000 次和 40000 次的电弧能量分布具有 99% 的相似性；不同操作次数下，电弧能量平均值从小到大的排序为：N30000（339.1mJ）<N5000（350.8mJ）< N3000（374.8mJ）< N1000（377.4mJ）< N20000（400.0mJ）< N40000（419.6mJ）<N10000（434.1mJ）。

$Ag/SnO_2(10)$ CSE 电触头材料电弧能量概率（见图 6-1（b））表明 1000 次、5000 次、10000 次和 40000 次的电弧能量分布具有 95% 的相似性，3000 次和 30000 次的电弧能量分布具有 99% 的相似性，20000 次操作下的电弧能量稍高于其他操作次数下的电弧能量。在不同操作次数下，电弧能量平均值从小到大的排序为：N5000（329.6mJ）<N10000（333.0mJ）<N40000（334.0mJ）<N1000（344.6mJ）<N3000（374.7mJ）<N30000（380.6mJ）<N20000（407.9mJ）。

$Ag/SnO_2(10)$ MSE 电触头材料电弧能量概率（见图 6-1（c））表明 1000 次、3000 次、10000 次和 30000 次的电弧能量分布具有 85% 的相似性，且其电弧能量值明显低于 20000 次时的电弧能量；5000 次的电弧能量值高于 40000 次，但低于

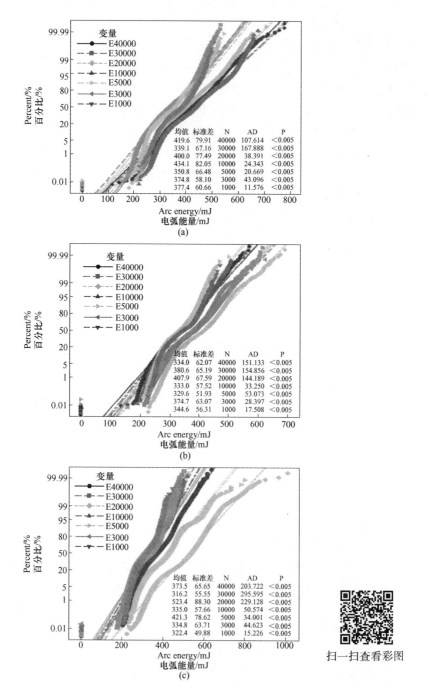

图 6-1　不同工艺制备 Ag/SnO₂(10) 电触头材料不同操作次数下电弧能量的概率

(a) ASE；(b) CSE；(c) MSE

N—操作次数；AD—平均偏差；P—概率因子

20000 次。在不同操作次数下，电弧能量平均值从小到大的排序为：N30000（316.2mJ）<N1000（322.4mJ）<N3000（334.8mJ）<N10000（335.0mJ）<N40000（373.5mJ）<N5000（421.3mJ）<N20000（523.4mJ）。

图 6-2 所示为不同操作次数下不同工艺（ASE、CSE、MSE）制备的 Ag/SnO₂

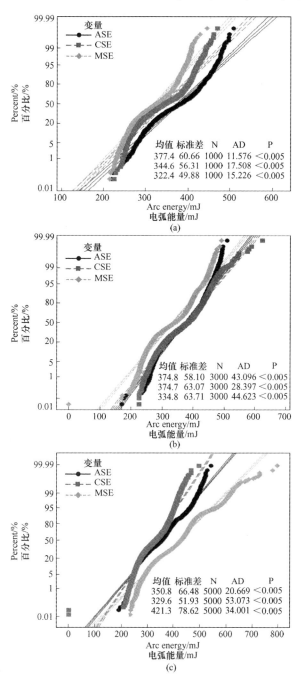

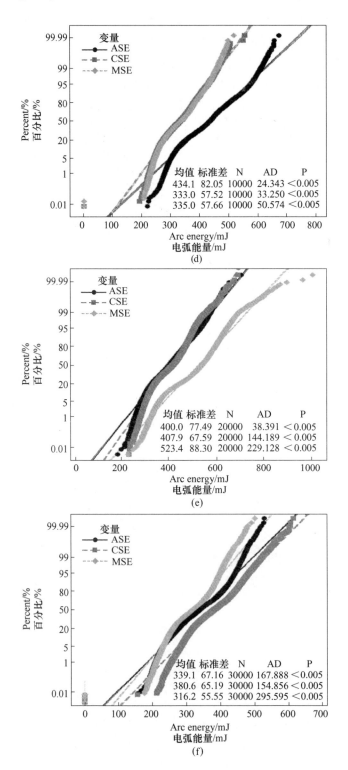

(d)

(e)

(f)

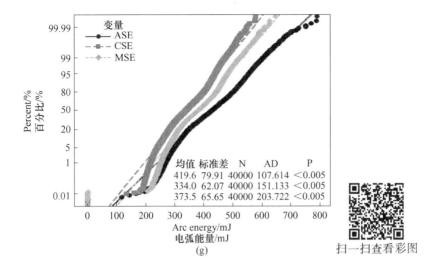

图 6-2 不同操作次数下不同工艺制备 Ag/SnO₂(10) 电触头材料电弧能量的概率

(a) 1000 次；(b) 3000 次；(c) 5000 次；(d) 10000 次；(e) 20000 次；(f) 30000 次；(g) 40000 次

N—操作次数；AD—平均偏差；P—概率因子

(10) 电触头材料的电弧能量概率。从图可以看出，操作次数相同，制备工艺不同，Ag/SnO₂(10) 电触头材料的电弧能量不同；操作次数不同，制备工艺相同，Ag/SnO₂(10) 电触头材料的电弧能量也不同。

1000 次操作下，ASE 工艺制备的 Ag/SnO₂(10) 电触头材料电弧能量最大，CSE 工艺制备的 Ag/SnO₂(10) 电触头材料电弧能量居中，MSE 工艺制备的 Ag/SnO₂(10) 电触头材料的电弧能量最小。

3000 次操作下，MSE 工艺制备的 Ag/SnO₂(10) 电触头材料的电弧能量最小，ASE 工艺制备的 Ag/SnO₂(10) 电触头材料电弧能量分布与 CSE 具有 99% 的相似性。

5000 次操作下，MSE 工艺制备的 Ag/SnO₂(10) 电触头材料的电弧能量最大，ASE 工艺制备的 Ag/SnO₂(10) 电触头材料电弧能量分布与 CSE 具有 80% 的相似性。

10000 次操作下，ASE 工艺制备的 Ag/SnO₂(10) 电触头材料的电弧能量最大，MSE 工艺制备的 Ag/SnO₂(10) 电触头材料电弧能量分布与 CSE 具有 99% 的相似性。

20000 次操作下，MSE 工艺制备的 Ag/SnO₂(10) 电触头材料的电弧能量最大，ASE 工艺制备的 Ag/SnO₂(10) 电触头材料电弧能量分布与 CSE 具有 99% 的相似性。

　　30000 次操作下，CSE 工艺制备的 Ag/SnO₂(10) 电触头材料的电弧能量最大，ASE 工艺制备的 Ag/SnO₂(10) 电触头材料电弧能量分布与 MSE 只有 50% 的相似性，其他 50% 的电弧能量要高于 MSE。

　　40000 次操作下，ASE 工艺制备的 Ag/SnO₂(10) 电触头材料电弧能量最大，MSE 工艺制备的 Ag/SnO₂(10) 电触头材料电弧能量居中，CSE 工艺制备的 AgSnO₂(10) 电触头材料的电弧能量最小。

　　图 6-3 所示为不同工艺（ASE、CSE、MSE）制备的 Ag/SnO₂(10) 电触头材料在不同操作次数下电弧能量的平均值。从图可以看出，在不同工艺和不同操作次数下，MSE 工艺制备的 Ag/SnO₂(10) 电触头材料在 20000 次电弧操作下的电弧能量平均值最大，在 30000 次操作下的电弧能量平均值最小。

　　在相同工艺和不同操作次数下，ASE 工艺制备的 Ag/SnO₂(10) 电触头材料在 10000 次操作下的电弧能量平均值最大，在 30000 次操作下的电弧能量平均值最小；CSE 工艺制备的 Ag/SnO₂(10) 电触头材料在 20000 次电弧操作下的电弧能量平均值最大，在 5000 次操作下的电弧能量平均值最小；MSE 工艺制备的 Ag/SnO₂(10) 电触头材料在 20000 次操作下的电弧能量平均值最大，在 30000 次操作下的电弧能量平均值最小。

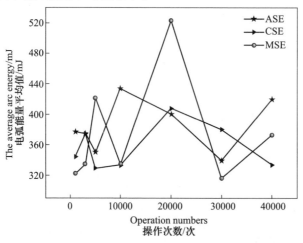
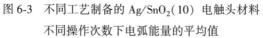

图 6-3　不同工艺制备的 Ag/SnO₂(10) 电触头材料
不同操作次数下电弧能量的平均值

扫一扫查看彩图

6.1.1.2　电弧时间

　　图 6-4 所示为不同工艺（ASE、CSE、MSE）制备的 Ag/SnO₂(10) 电触头材料在不同操作次数下的电弧时间概率。Ag/SnO₂(10)ASE 电触头材料电弧时间概率（见图 6-4（a））表明 1000 次、3000 次、5000 次和 30000 次的电弧时间概率分布基本相似；10000 次、20000 次和 40000 次的电弧时间概率分布具有 95% 的

相似性。不同操作次数下，电弧时间平均值从小到大的排序为：N5000（4.189ms）<N30000（4.337ms）<N3000（4.342ms）<N1000（4.604ms）<N20000（4.956ms）<N10000（4.982ms）<N40000（5.062ms）。

Ag/SnO₂(10)CSE 电触头材料电弧时间概率（见图 6-4（b））表明，在不同操作次数下，Ag/SnO₂(10)CSE 电触头材料电弧时间概率分布基本相似，只是数值大小上稍有一些变化，其中 20000 次操作下的电弧时间比其他操作次数下的电弧时间都要大。在不同操作次数下，电弧时间平均值从小到大的排序为：N40000（3.661ms）<N5000（3.750ms）<N10000（3.770ms）<N30000（4.004ms）<N1000（4.089ms）<N3000（4.337ms）<N20000（4.711ms）。

Ag/SnO₂(10)MSE 电触头材料电弧时间概率（见图 6-4（c））表明 1000 次、3000 次、10000 次、30000 次和 40000 次的电弧时间分布具有 95% 的相似性，且其电弧时间值明显低于 5000 次和 20000 次；而 20000 次的电弧时间值明显高于 5000 次。在不同操作次数下，电弧时间平均值从小到大的排序为：N30000（3.651ms）<N1000（3.806ms）<N10000（3.830ms）<N3000（3.941ms）<N40000（4.055ms）<N5000（4.970ms）<N20000（6.317ms）。

图 6-5 所示为不同操作次数下不同工艺（ASE、CSE、MSE）制备的 Ag/SnO₂(10)电触头材料的电弧时间概率。从图可以看出，操作次数相同，制备工艺不同，Ag/SnO₂(10) 电触头材料的电弧时间不同；操作次数不同，制备工艺相同，Ag/SnO₂(10) 电触头材料的电弧时间也不同。

1000 次操作下，ASE 工艺制备的 Ag/SnO₂(10) 电触头材料电弧时间最长，CSE 工艺制备的 Ag/SnO₂(10) 电触头材料电弧时间居中，MSE 工艺制备的 Ag/SnO₂(10) 电触头材料的电弧时间最短。

3000 次操作下，MSE 工艺制备的 Ag/SnO₂(10) 电触头材料的电弧时间最短，ASE 工艺制备的 Ag/SnO₂(10) 电触头材料电弧时间概率分布与 CSE 具有 95% 的相似性。

5000 次操作下，MSE 工艺制备的 Ag/SnO₂(10) 电触头材料的电弧时间最长，ASE 工艺制备的 Ag/SnO₂(10) 电触头材料电弧时间居中，CSE 工艺制备的 Ag/SnO₂(10) 电触头材料的电弧时间最短。

10000 次操作下，ASE 工艺制备的 Ag/SnO₂(10) 电触头材料的电弧时间最长，MSE 工艺制备的 Ag/SnO₂(10) 电触头材料电弧时间分布与 CSE 具有 99% 的相似性。

20000 次操作下，MSE 工艺制备的 Ag/SnO₂(10) 电触头材料的电弧时间最长，ASE 工艺制备的 Ag/SnO₂(10) 电触头材料电弧时间分布与 CSE 具有 80% 的相似性。

30000 次操作下，MSE 工艺制备的 Ag/SnO₂(10) 电触头材料的电弧时间最短，ASE 工艺制备的 Ag/SnO₂(10) 电触头材料 80% 的电弧时间要高于 CSE 工

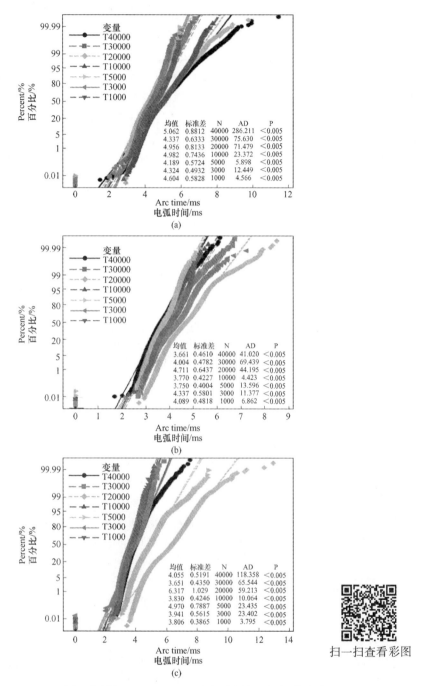

扫一扫查看彩图

图 6-4　不同工艺制备 Ag/SnO₂(10) 电触头材料不同操作次数下电弧时间的概率

（a）ASE；（b）CSE；（c）MSE

N—操作次数；AD—平均偏差；P—概率因子

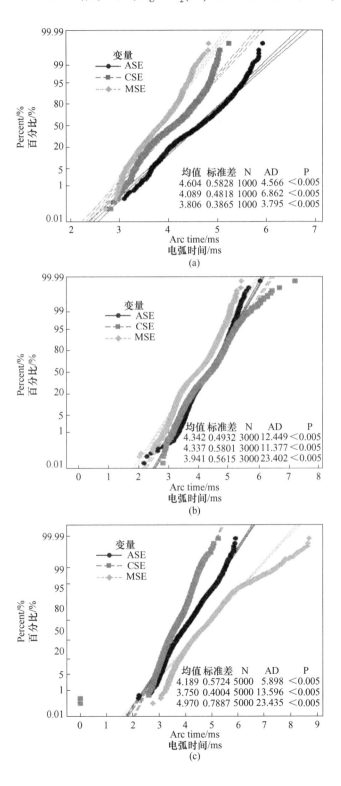

(a)

(b)

(c)

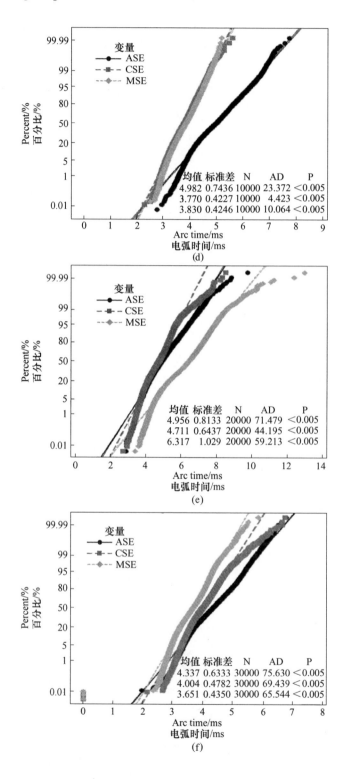

(d)

(e)

(f)

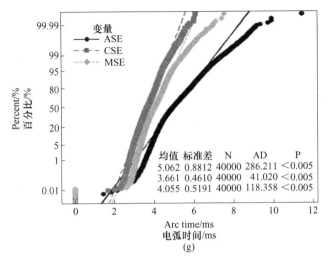

扫一扫查看彩图

图 6-5 不同操作次数下不同工艺制备 Ag/SnO₂(10) 电触头材料的电弧时间概率

(a) 1000; (b) 3000; (c) 5000; (d) 10000; (e) 20000; (f) 30000; (g) 40000

N—操作次数; AD—平均偏差; P—概率因子

艺制备的 Ag/SnO₂(10) 电触头材料。

40000 次操作下，ASE 工艺制备的 Ag/SnO₂(10) 电触头材料电弧时间最长，MSE 工艺制备的 Ag/SnO₂(10) 电触头材料电弧时间居中，CSE 工艺制备的 Ag/SnO₂(10) 电触头材料的电弧时间最短。

图 6-6 所示为不同工艺（ASE、CSE、MSE）制备的 Ag/SnO₂(10) 电触头材

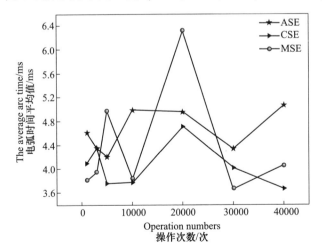

扫一扫查看彩图

图 6-6 不同工艺制备的 Ag/SnO₂(10)

电触头材料不同操作次数下电弧时间平均值

料在不同操作次数下电弧时间的平均值。从图可以看出，在不同工艺和不同操作次数下，MSE 工艺制备的 Ag/SnO$_2$(10) 电触头材料在 20000 次操作下的电弧时间平均值最长，在 30000 次操作下的电弧时间平均值最短。

在相同工艺和不同操作次数下，ASE 工艺制备的 Ag/SnO$_2$(10) 电触头材料在 40000 次操作下的电弧时间平均值最长，在 3000 次操作下的电弧时间平均值最短；CSE 工艺制备的 Ag/SnO$_2$(10) 电触头材料在 20000 次操作下的电弧时间平均值最长，在 40000 次操作下的电弧时间平均值最短；MSE 工艺制备的 Ag/SnO$_2$(10) 电触头材料在 20000 次操作下的电弧时间平均值最大，在 30000 次操作下的电弧时间平均值最短。

6.1.1.3 熔焊力

图 6-7 所示为不同工艺（ASE、CSE、MSE）制备的 Ag/SnO$_2$(10) 电触头材料在不同操作次数下的熔焊力概率。Ag/SnO$_2$(10)ASE 电触头材料熔焊力概率（见图 6-7（a））表明，操作次数不同，Ag/SnO$_2$(10)ASE 电触头材料熔焊力的概率分布曲线不同，40000 次操作下，熔焊力数值范围很大（(0 ~ 80)×10^{-2}N）；1000 次、10000 次和 20000 次的熔焊力概率分布十分相似，它们 95% 的熔焊力都小于 8×10^{-2}N；3000 次熔焊力的 20% 小于 5×10^{-2}N，50% 小于 20×10^{-2}N，99% 小于 25×10^{-2}N；5000 次的熔焊力概率分布和 3000 次的概率分布基本相似；30000 次熔焊力的 95% 都小于 10×10^{-2}N。

Ag/SnO$_2$(10)CSE 电触头材料熔焊力概率（见图 6-7（b））表明，1000 次的熔焊力值最小，3000 次和 5000 次的熔焊力值第二小，10000 次和 20000 次的熔焊力第三小，30000 次和 40000 次的熔焊力最大，且概率分布曲线十分相似。

Ag/SnO$_2$(10)MSE 电触头材料熔焊力概率（见图 6-7（c））表明，1000 次的熔焊力值最小，20000 次的熔焊力值最大，而其他次数的熔焊力概率分布曲线相同，熔焊力的数值也比较接近。

图 6-8 所示为不同操作次数下（1000 次、3000 次、5000 次、10000 次、20000 次、30000 次、40000 次）不同工艺（ASE、CSE、MSE）制备 Ag/SnO$_2$(10) 电触头材料的熔焊力概率。从图可以看出，操作次数相同，制备工艺不同，Ag/SnO$_2$(10) 电触头材料的熔焊力概率分布不同；操作次数不同，制备工艺相同，Ag/SnO$_2$(10) 电触头材料的熔焊力概率分布也不同。

1000 次操作下，ASE 工艺制备的 Ag/SnO$_2$(10) 电触头材料熔焊力最大，CSE 工艺制备的 Ag/SnO$_2$(10) 电触头材料熔焊力居中，MSE 工艺制备的 Ag/SnO$_2$(10) 电触头材料的熔焊力最小。

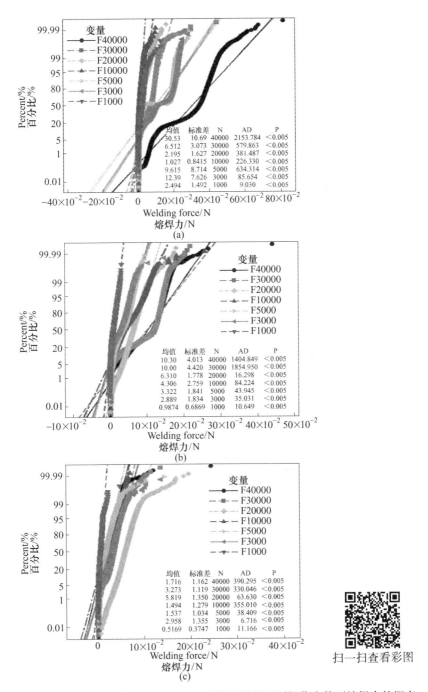

图 6-7 不同工艺制备 Ag/SnO₂(10)电触头材料不同操作次数下熔焊力的概率

(a) ASE; (b) CSE; (c) MSE

N—操作次数; AD—平均偏差; P—概率因子

扫一扫查看彩图

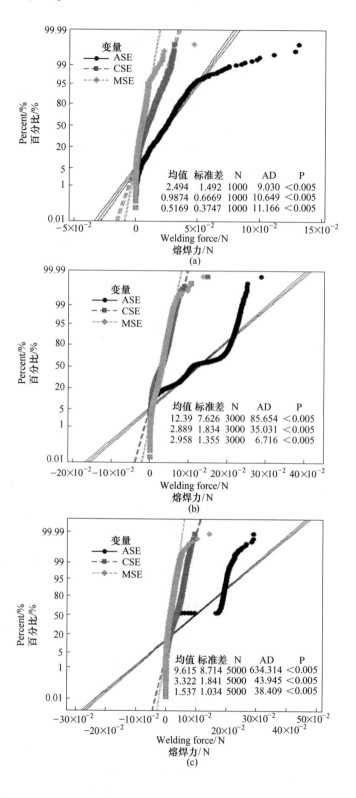

(a)

(b)

(c)

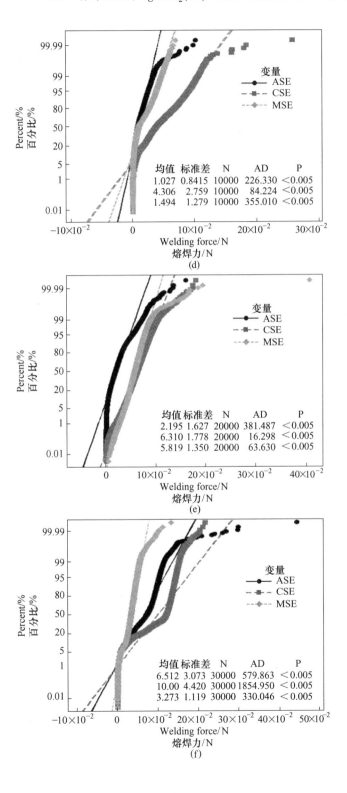

(d)

(e)

(f)

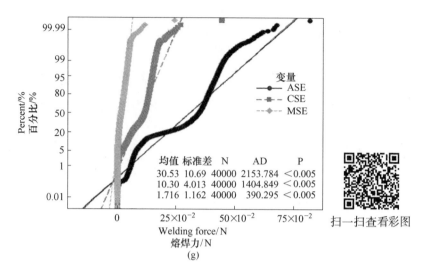

图 6-8　不同操作次数下不同工艺制备 Ag/SnO$_2$(10) 电触头材料熔焊力的概率

(a) 1000；(b) 3000；(c) 5000；(d) 10000；(e) 20000；(f) 30000；(g) 40000

N—操作次数；AD—平均偏差；P—概率因子

3000 次操作下，ASE 工艺制备的 Ag/SnO$_2$(10) 电触头材料的熔焊力最大，且概率分布曲线与其他两种工艺制备的 Ag/SnO$_2$(10) 电触头材料很不相同，CSE 工艺制备的 Ag/SnO$_2$(10) 电触头材料熔焊力概率分布与 MSE 具有 99% 的相似性。

5000 次操作下，MSE 工艺制备的 Ag/SnO$_2$(10) 电触头材料的熔焊力最小，99% 的熔焊力数值小于 5×10^{-2}N；CSE 工艺制备的 Ag/SnO$_2$(10) 电触头材料熔焊力居中，99% 的熔焊力数值小于 7.5×10^{-2}N；ASE 工艺制备的 Ag/SnO$_2$(10) 电触头材料的熔焊力有 50% 的数值大于 15×10^{-2}N。

10000 次操作下，CSE 工艺制备的 Ag/SnO$_2$(10) 电触头材料的熔焊力最大，50% 的熔焊力数值大于 5×10^{-2}N；而 ASE 和 MSE 工艺制备的 Ag/SnO$_2$(10) 电触头材料的熔焊力概率分布基本相同，且 99% 的熔焊力数值小于 5×10^{-2}N。

20000 次操作下，ASE 工艺制备的 Ag/SnO$_2$(10) 电触头材料的熔焊力最小，95% 的熔焊力数值小于 5×10^{-2}N；而 CSE 和 MSE 工艺制备的 Ag/SnO$_2$(10) 电触头材料熔焊力概率分布基本相似，95% 的熔焊力数值小于 10×10^{-2}N，80% 的熔焊力数值大于 5×10^{-2}N。

30000 次操作下，MSE 工艺制备的 Ag/SnO$_2$(10) 电触头材料的熔焊力最小，95% 的熔焊力数值小于 5×10^{-2}N；ASE 工艺制备的 Ag/SnO$_2$(10) 电触头材料熔焊力居中，80% 的熔焊力数值大于 5×10^{-2}N，20% 的熔焊力数值大于 10×10^{-2}N；而 CSE 工艺制备的 Ag/SnO$_2$(10) 电触头材料熔焊力最大，75% 的熔焊力数值大

于 10×10^{-2}N。

40000 次操作下，MSE 工艺制备的 Ag/SnO$_2$(10) 电触头材料熔焊力最小，95%的熔焊力数值小于 5×10^{-2}N；CSE 工艺制备的 Ag/SnO$_2$(10) 电触头材料熔焊力居中，99%的熔焊力数值小于 15×10^{-2}N；ASE 工艺制备的 Ag/SnO$_2$(10) 电触头材料的熔焊力最大，数值范围分布较宽：20%的熔焊力数值小于 25×10^{-2}N，79%的熔焊力数值处于 $(25 \sim 50) \times 10^{-2}$N 之间。

图 6-9 所示为不同工艺（ASE、CSE、MSE）制备的 Ag/SnO$_2$(10) 电触头材料在不同操作次数下熔焊力的平均值。从图可以看出，在不同工艺和不同操作次数下，ASE 工艺制备的 Ag/SnO$_2$(10) 电触头材料在 40000 次操作下的熔焊力平均值最大，而 MSE 制备的 Ag/SnO$_2$(10) 电触头材料在 1000 次操作下的熔焊力平均值最小。

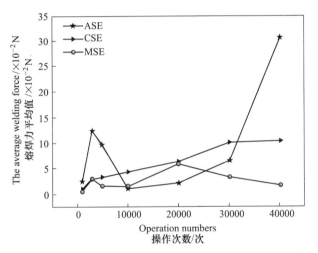

图 6-9　不同工艺制备 Ag/SnO$_2$(10) 电触头材料不同操作
次数下熔焊力平均值

扫一扫查看彩图

在相同工艺和不同操作次数下，ASE 工艺制备的 Ag/SnO$_2$(10) 电触头材料在 40000 次操作下的熔焊力平均值最大，在 10000 次操作下的熔焊力平均值最小；CSE 工艺制备的 Ag/SnO$_2$(10) 电触头材料熔焊力平均值随着操作次数的增加而增加；MSE 工艺制备的 Ag/SnO$_2$(10) 电触头材料在 20000 次操作下的熔焊力平均值最大，在 1000 次操作下的熔焊力平均值最小。

6.1.2　操作次数对电弧侵蚀率的影响

图 6-10 所示为不同工艺（ASE、CSE、MSE）制备的 Ag/SnO$_2$(10) 电触头材料在不同操作次数下的电弧侵蚀率。Ag/SnO$_2$(10)ASE 电触头材料电弧侵蚀率

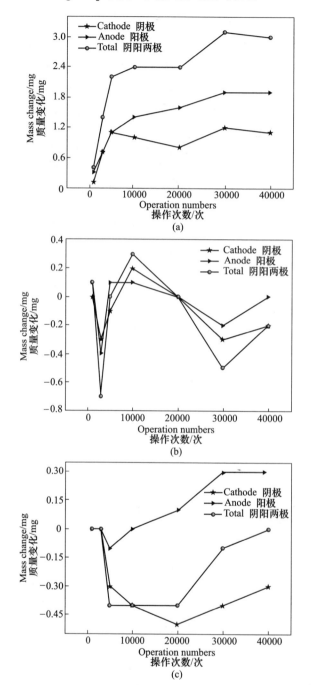

图 6-10　不同工艺制备 Ag/SnO₂(10) 电触头材料不同操作次数下的质量变化　　扫一扫查看彩图

（"+"表示质量增加，"-"表示质量降低）

(a) ASE；(b) CSE；(c) MSE

（见图 6-10（a））表明，在不同操作次数下，阴极和阳极的电触头质量都增加了，且随着操作次数的增加，阳极电触头和两极触头总的质量都增加。阴极电触头在 5000 次操作后，质量变化不是很大；30000 次操作时阳极和阴极电触头质量变化最大。

Ag/SnO₂(10)CSE 电触头材料电弧侵蚀率（见图 6-10（b））表明，在不同操作次数下，阴、阳两极电触头质量变化比较小且毫无规律可循，总体上阴极电触头质量变化稍大于阳极。3000 次操作时阳极和阴极电触头质量变化最大，总质量变化也最大。

Ag/SnO₂(10)MSE 电触头材料电弧侵蚀率（见图 6-10（c））表明，在不同操作次数下（除 5000 次外），阳极电触头质量都增加了，但增加的幅度不是很大，而阴极电触头质量都降低了，且质量变化幅度大于阳极，因此，总的质量变化是降低的。20000 次操作时阴极电触头质量变化最大；30000 次操作时阳极电触头质量变化最大。

图 6-11 所示为不同工艺（ASE、CSE、MSE）制备的 Ag/SnO₂(10) 电触头材料在不同操作次数下（1000 次、3000 次、5000 次、10000 次、20000 次、30000 次、40000 次）阴极、阳极质量以及总的质量变化。从图可以看出制备工艺对 Ag/SnO₂(10) 电触头材料的电弧侵蚀率有一定的影响。

不同工艺制备的 Ag/SnO₂(10) 电触头材料阳极质量变化（见图 6-11（a））表明，ASE 工艺制备的 Ag/SnO₂(10) 电触头材料在不同操作次数下阳极质量都增加，且其质量变化随操作次数的增加而增加；而 CSE 和 MSE 工艺制备的 Ag/SnO₂(10) 电触头材料随操作次数的增加质量变化不是很大。

不同工艺制备的 Ag/SnO₂(10) 电触头材料阴极质量变化（见图 6-11（b））表明，ASE 工艺制备的 Ag/SnO₂(10) 电触头材料在不同操作次数下，阴极质量都增加了，且其质量变化最大；MSE 工艺制备的 Ag/SnO₂(10) 电触头材料在不同操作次数下阴极质量降低了；CSE 工艺制备的 Ag/SnO₂(10) 电触头材料在不同操作次数下阴极质量变化最小。

不同工艺制备的 Ag/SnO₂(10) 电触头材料总质量变化（见图 6-11（c））表明 ASE 工艺制备的 Ag/SnO₂(10) 电触头材料质量变化最大，而 MSE 工艺制备的 Ag/SnO₂(10) 电触头材料质量变化最小。

6.1.3 操作次数对电弧侵蚀形貌的影响

6.1.3.1 三维宏观形貌

图 6-12 所示为 ASE 工艺制备的 Ag/SnO₂(10) 电触头材料在不同操作次数下（1000 次、3000 次、5000 次、10000 次、20000 次、30000 次和 40000 次）阴、阳

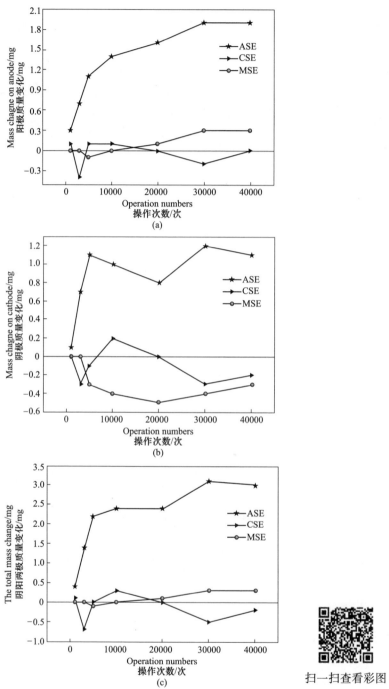

图 6-11 不同工艺制备 Ag/SnO₂(10) 电触头材料不同操作次数下的质量变化

（"+"表示质量增加，"-"表示质量降低）

（a）阳极；（b）阴极；（c）阴阳两极

扫一扫查看彩图

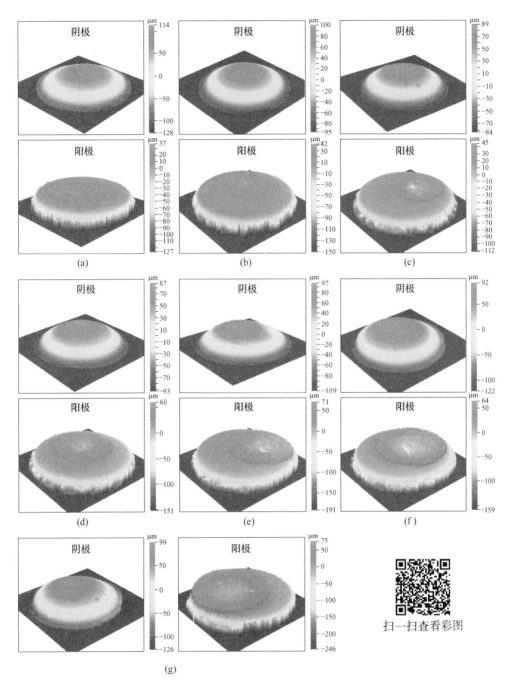

扫一扫查看彩图

图 6-12 ASE 工艺制备 Ag/SnO₂(10) 电触头材料不同操作次数下阴极和
阳极的三维宏观侵蚀形貌

（a）1000 次；（b）3000 次；（c）5000 次；（d）10000 次；（e）20000 次；（f）30000 次；（g）40000 次

两极电触头的三维宏观电弧侵蚀形貌。从图可以看出，在电弧作用下，Ag/SnO$_2$ (10) ASE 电触头材料的表面形貌发生了变化，且随着操作次数的增加，阴、阳两极电触头表面的形貌变化逐渐严重。在电弧侵蚀作用下，阴极电触头表面出现了一些细小的侵蚀凸峰，阳极电触头表面则出现了侵蚀坑，且随着操作次数的增加，侵蚀坑的面积增加。在相同操作次数下，阳极电触头表面的形貌变化比阴极电触头严重。

图 6-13 所示为 CSE 工艺制备的 Ag/SnO$_2$ (10) 电触头材料在不同操作次数下 (1000 次、3000 次、5000 次、10000 次、20000 次、30000 次和 40000 次) 阴、阳两极电触头的三维宏观电弧侵蚀形貌。从图可以看出，在电弧作用下，Ag/SnO$_2$ (10) CSE 电触头材料的表面形貌发生了变化，阴极电触头表面出现了侵蚀凸峰，阳极电触头表面相应出现了侵蚀凹坑。随着操作次数的增加，阴、阳两极电触头表面的形貌变化逐渐增大，阳极电触头上的侵蚀坑的宽度和深度逐渐增大。在相同操作次数下，阳极电触头表面的形貌变化比阴极严重，说明阳极电触头的电弧侵蚀比阴极严重。

图 6-14 所示为 MSE 工艺制备的 Ag/SnO$_2$ (10) 电触头材料在不同操作次数下 (1000 次、3000 次、5000 次、10000 次、20000 次、30000 次和 40000 次) 阴、阳两极电触头的三维宏观侵蚀形貌。从图可以看出，在电弧作用下，Ag/SnO$_2$ (10) MSE 电触头材料的表面形貌发生了很大的变化，随着操作次数的增加，阴、阳两极电触头表面的电弧作用区域越来越大，形貌变化也越来越明显；在相同操作次数下，阳极电触头表面的形貌变化比阴极大。

6.1.3.2　二维宏观形貌

图 6-15 所示为 ASE 工艺制备的 Ag/SnO$_2$ (10) 电触头材料在不同操作次数下 (1000 次、3000 次、5000 次、10000 次、20000 次、30000 次和 40000 次) 阴、阳两极电触头的二维宏观侵蚀形貌。从图可以看出，在电弧作用下，Ag/SnO$_2$ (10) ASE 阴极和阳极电触头表面都出现了电弧侵蚀圆斑，随着操作次数的增加，侵蚀圆斑的直径增大。在相同操作次数下，阳极电触头表面形貌变化要大于阴极；同时，阳极电触头表面侵蚀圆斑周围出现了喷溅物。

图 6-16 所示为 CSE 工艺制备的 Ag/SnO$_2$ (10) 电触头材料在不同操作次数下

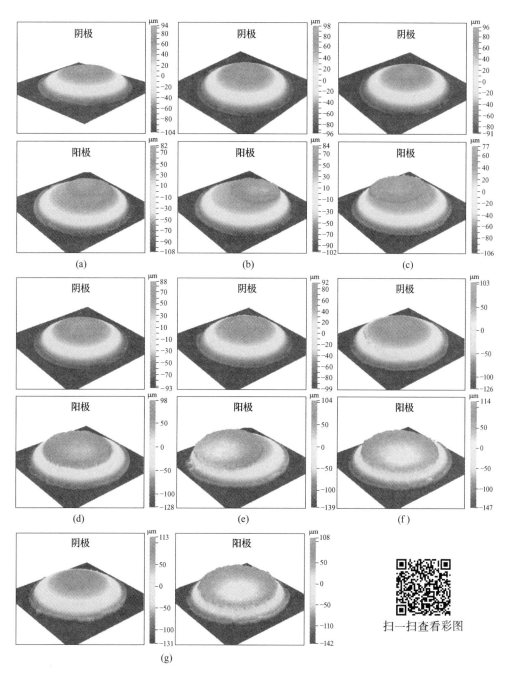

图 6-13 CSE 工艺制备的 Ag/SnO$_2$(10) 电触头材料不同操作次数
下阴极和阳极的三维宏观侵蚀形貌

（a）1000 次；（b）3000 次；（c）5000 次；（d）10000 次；（e）20000 次；（f）30000 次；（g）40000 次

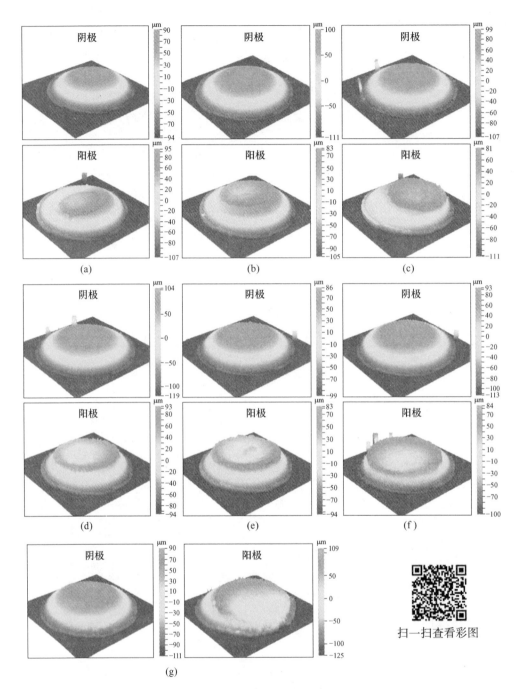

图 6-14　MSE 工艺制备 Ag/SnO₂(10) 电触头材料不同操作次数下阴极和

阳极的三维宏观侵蚀形貌

(a) 1000 次；(b) 3000 次；(c) 5000 次；(d) 10000 次；(e) 20000 次；(f) 30000 次；(g) 40000 次

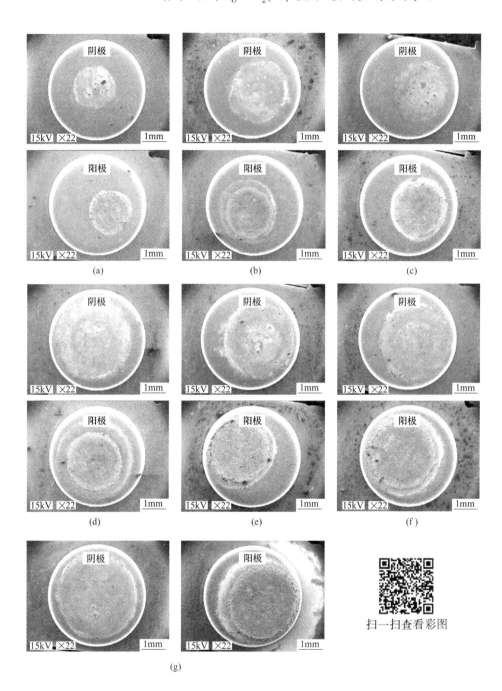

扫一扫查看彩图

图 6-15　ASE 工艺制备的 Ag/SnO$_2$(10) 电触头材料不同操作次数下阴极和
阳极的二维宏观侵蚀形貌

（a）1000 次；（b）3000 次；（c）5000 次；（d）10000 次；（e）20000 次；（f）30000 次；（g）40000 次

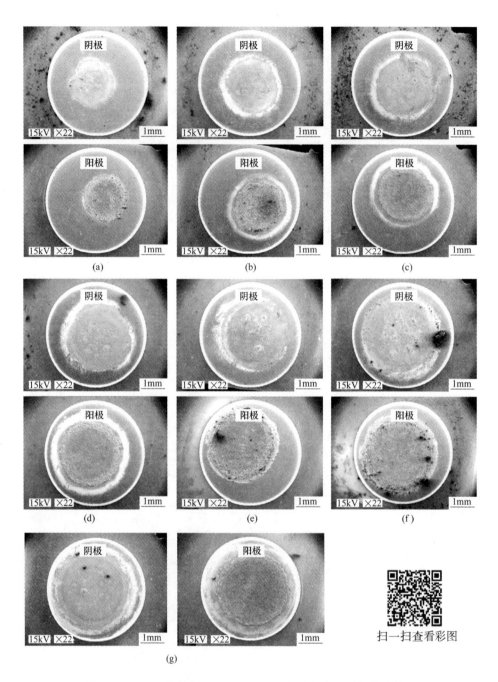

图 6-16　CSE 工艺制备 Ag/SnO₂(10) 电触头材料不同操作次数下
阴极和阳极的二维宏观侵蚀形貌

（a）1000 次；（b）3000 次；（c）5000 次；（d）10000 次；（e）20000 次；（f）30000 次；（g）40000 次

（1000 次、3000 次、5000 次、10000 次、20000 次、30000 次和 40000 次）阴、阳两极电触头的二维宏观侵蚀形貌。从图可以看出，在电弧作用下，Ag/SnO_2（10）CSE 电触头材料阴极和阳极表面都出现了圆形的侵蚀斑，侵蚀斑内出现了一些点侵蚀，随着操作次数的增加，侵蚀斑的直径逐渐增大，表面形貌变化也逐渐严重。在相同操作次数下，阳极电触头表面侵蚀形貌变化比阴极严重，触头表面还出现了一些黑色的电弧侵蚀产物。

图 6-17 所示为 MSE 工艺制备的 Ag/SnO_2（10）电触头材料在不同操作次数下（1000 次、3000 次、5000 次、10000 次、20000 次、30000 次和 40000 次）阴、阳两极电触头的二维宏观侵蚀形貌。从图可以看出，在电弧作用下，Ag/SnO_2（10）MSE 电触头材料阴极和阳极表面形貌都发生了变化，阴极和阳极触头表面都出现了圆形的侵蚀斑，且随着操作次数的增加，电弧侵蚀斑的直径增大，电触头表面形貌变化严重。在相同操作次数下，阳极电触头表面形貌变化比阴极电触头大，说明在相同的服役条件下阳极电触头表面电弧侵蚀更严重。

比较图 6-15~图 6-17 可以看出制备工艺对 Ag/SnO_2（10）电触头材料的电弧侵蚀形貌有一定影响。在相同的服役条件下，不同工艺制备 Ag/SnO_2（10）电触头材料的电弧侵蚀形貌不同，表面形貌变化也程度不同，说明不同工艺制备 Ag/SnO_2（10）电触头材料的电弧侵蚀行为和电弧侵蚀程度也不同。

6.1.4 操作次数对横截面金相显微组织的影响

图 6-18 所示为 ASE 工艺制备的 Ag/SnO_2（10）电触头材料在不同操作次数下（1000 次、3000 次、5000 次、10000 次、20000 次、30000 次和 40000 次）阴、阳两极电触头横截面的金相显微组织。从图可以看出，随着操作次数的增加，Ag/SnO_2（10）ASE 电触头材料的横截面金相显微组织发生了变化。1000 次操作下，Ag/SnO_2（10）ASE 阴、阳两极电触头横截面金相显微组织基本没有变化，阴极电触头保持比较完整的弧面形状，阳极电触头也保持比较完整的平面形状（见图 6-18（a））；3000 次操作下，Ag/SnO_2（10）ASE 阴、阳两极电触头表面变得粗糙不再光滑，而是呈现锯齿状（见图 6-18（b））；5000 次操作下，Ag/SnO_2（10）ASE 阴极电触头横截面上出现裂纹（见图 6-18（c））；10000 次操作下，Ag/SnO_2（10）ASE 阴极电触头横截面上出现裂纹，表层出现电弧侵蚀产物（见图 6-18（d））；20000 次操作下，Ag/SnO_2（10）ASE 阴极电触头表面呈锯齿状（见图 6-18（e））；30000 次和 40000 次操作下，Ag/SnO_2（10）ASE 阳极电触头表层均出现一薄层白色组织（见图 6-18（f）和（g））。

图 6-19 所示为 CSE 工艺制备的 Ag/SnO_2（10）电触头材料在不同操作次数下

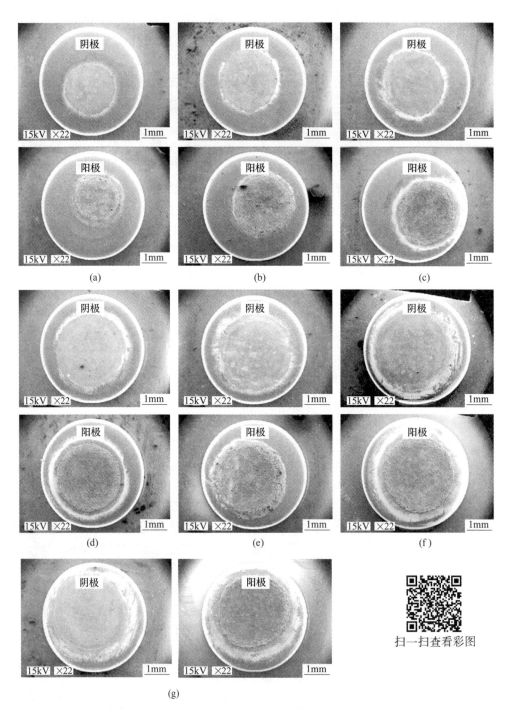

扫一扫查看彩图

图 6-17　MSE 工艺制备 Ag/SnO$_2$(10) 电触头材料不同操作次数下阴极和阳极的二维宏观侵蚀形貌

（a）1000 次；（b）3000 次；（c）5000 次；（d）10000 次；（e）20000 次；（f）30000 次；（g）40000 次

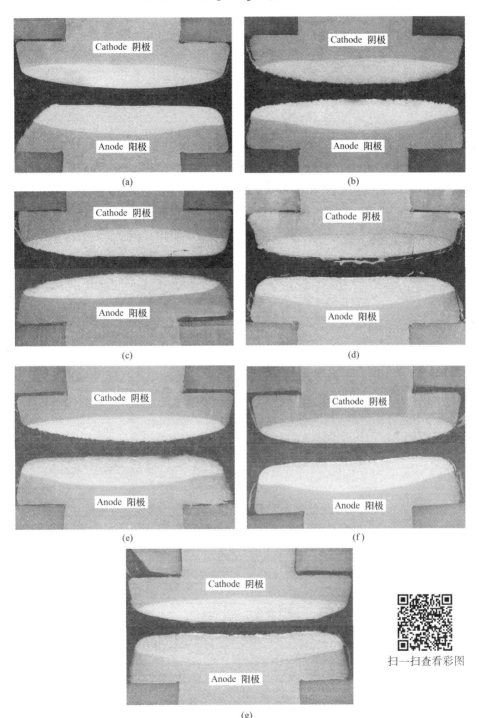

扫一扫查看彩图

(g)

图 6-18　ASE 工艺制备的 Ag/SnO₂(10) 电触头材料不同操作次数下阴极和阳极横截面金相显微组织

（a）1000 次；（b）3000 次；（c）5000 次；（d）10000 次；（e）20000 次；（f）30000 次；（g）40000 次

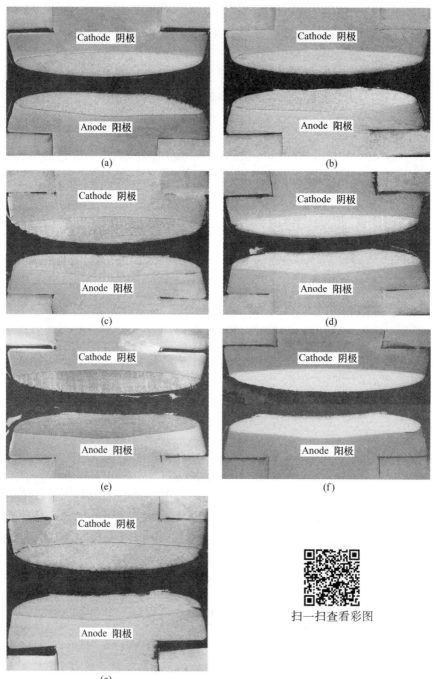

(a)　(b)　(c)　(d)　(e)　(f)　(g)

扫一扫查看彩图

图 6-19　CSE 工艺制备 Ag/SnO₂(10)电触头材料不同操作
次数下阴极和阳极横截面金相显微组织
(a) 1000 次；(b) 3000 次；(c) 5000 次；(d) 10000 次；(e) 20000 次；(f) 30000 次；(g) 40000 次

（1000 次、3000 次、5000 次、10000 次、20000 次、30000 次和 40000 次）阴、阳两极电触头横截面的金相显微组织。从图可以看出，随着操作次数的增加，Ag/SnO$_2$(10)CSE 电触头材料的横截面金相显微组织发生了变化。1000 次操作下，Ag/SnO$_2$(10)CSE 阴极电触头横截面金相显微组织基本没有变化，阴极电触头保持比较完整的弧面形状，阳极电触头表面变得稍微粗糙，接触处出现锯齿状（见图 6-19（a））。3000 次操作下，Ag/SnO$_2$(10)CSE 阴极电触头表面呈现锯齿状，阳电极触头表层出现白色带状组织（见图 6-19（b））；5000 次操作下，Ag/SnO$_2$(10)CSE阴极电触头横截面左右两边出现了少量电弧侵蚀产物，阳极电触头横截面右边表层由于电弧侵蚀变得粗糙（见图 6-19（c））；10000 次操作下，Ag/SnO$_2$（10）CSE 阴极电触头表层附近出现电弧侵蚀产物（见图6-19(d)）；20000 次操作下，Ag/SnO$_2$(10)CSE 阴、阳两极电触头表面出现电弧侵蚀产物（见图 6-19(e)）。30000 次操作下，Ag/SnO$_2$(10)CSE 阳极电触头横截面呈凹坑状，并在凹坑两边观察到电弧侵蚀产物（见图 6-19（f））；40000 次操作下，Ag/SnO$_2$(10)CSE阳极电触头表层变形比较严重，表层出现好几处缺口（见图 6-19（g））。

图 6-20 所示为 MSE 工艺制备的 Ag/SnO$_2$(10)电触头材料在不同操作次数下（1000 次、3000 次、5000 次、10000 次、20000 次、30000 次和 40000 次）阴、阳两极电触头横截面的金相显微组织。从图可以看出，随着操作次数的增加，Ag/SnO$_2$(10)MSE 电触头材料的横截面金相显微组织发生了变化。1000 次操作下，Ag/SnO$_2$(10)MSE 阴极电触头表面附近观察到了电弧侵蚀产物（见图 6-20(a)）；3000 次操作下，Ag/SnO$_2$(10)MSE 阴、阳两极电触头横截面形状均发生了变化（见图 6-20(b)）；5000 次和 10000 次操作下，Ag/SnO$_2$(10)MSE 阴极电触头表层附近均出现电弧侵蚀产物（见图 6-20(c) 和(d)）；20000 次操作下，Ag/SnO$_2$(10)MSE 阴、阳两极电触头表面均出现电弧侵蚀产物（见图 6-20(e)）；30000 次操作下，Ag/SnO$_2$(10)MSE 阳极电触头表面出现白色组织（见图 6-20(f)）；40000 次操作下，Ag/SnO$_2$(10)MSE 阳极电触头表面变得粗糙，表层附近组织疏松（见图 6-20(g)）。

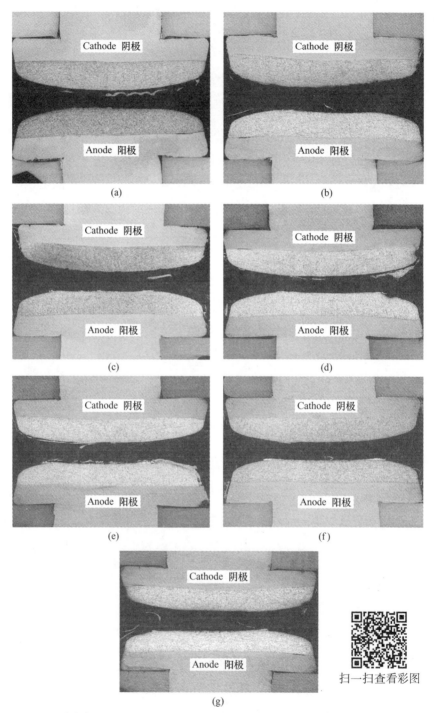

扫一扫查看彩图

图 6-20　MSE 工艺制备的 Ag/SnO$_2$(10)电触头材料不同操作次数下阴极和阳极横截面显微组织

(a) 1000 次;(b) 3000 次;(c) 5000 次;(d) 10000 次;(e) 20000 次;(f) 30000 次;(g) 40000 次

6.2 制备工艺对 Ag/SnO₂(10)电触头电弧侵蚀行为的影响

6.2.1 制备工艺对电接触物理现象的影响

电接触物理现象主要包括电弧能量（E）、电弧时间（t）、熔焊力（F）、电接触电阻（R）和温度（T），这些物理现象在电弧侵蚀过程中会由于接触表面形貌和成分的变化而发生变化。不同工艺制备的 Ag/SnO₂(10)电触头材料 50000 次操作时电接触物理现象的概率分布如图 6-21 所示。由图可知，不同工艺制备的 Ag/SnO₂(10)电触头材料的电弧能量、电弧时间、熔焊力、温度和接触电阻的概率分布不同。ASE 工艺制备的 Ag/SnO₂(10)电触头材料的电弧能量、电弧时间、

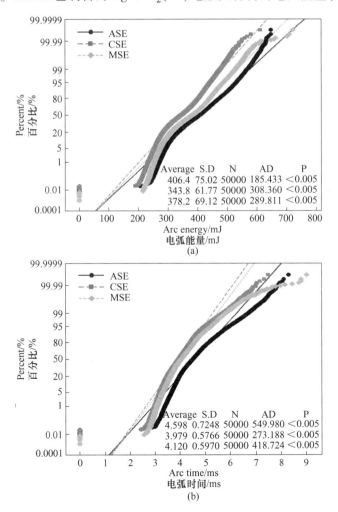

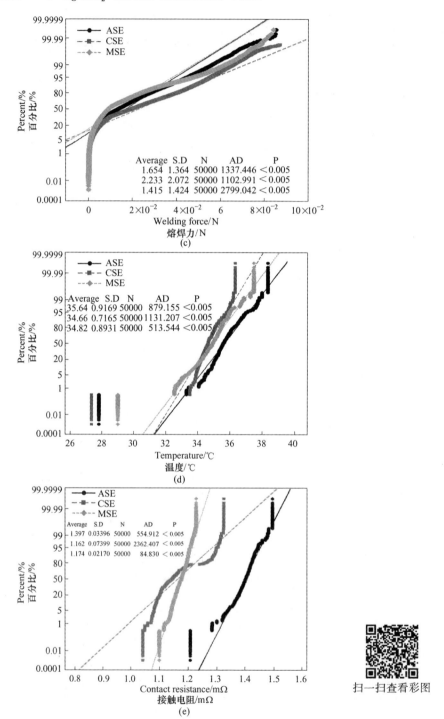

图 6-21　不同方法制备 Ag/SnO₂(10)电触头材料 50000 次操作时电接触物理现象的概率分布
(a) 电弧能量；(b) 电弧时间；(c) 熔焊力；(d) 温度；(e) 接触电阻
N—操作次数；AD—平均偏差；P—概率因子

温度和接触电阻的平均值最大，CSE 工艺制备的 Ag/SnO$_2$(10)电触头材料的电弧能平均值最小；CSE 工艺制备的 Ag/SnO$_2$(10)电触头材料熔焊力平均值最大，MSE 工艺制备的 Ag/SnO$_2$(10)电触头材料熔焊力平均值最小。因此，制备工艺对 Ag/SnO$_2$(10)电触头材料在电弧侵蚀过程中的电弧能量、电弧时间、熔焊力、温度和接触电阻都有一定的影响。

Ag/SnO$_2$(10)电触头材料在 50000 次操作过程中每 500 次操作的电弧能量、电弧时间、熔焊力、温度和接触电阻的平均值如图 6-22 所示。50000 次操作后电弧能量和电弧时间变化趋势相似（图 6-22（a）和（b））。操作次数小于 30000 次时，ASE 工艺制备的 Ag/SnO$_2$(10)电触头材料的电弧能量和电弧时间随着操作次数的增加而增加；操作次数从 30000 次增加到 40000 次，电弧能量和电弧时间基本保持稳定；操作次数从 40000 次增加到 50000 次时，电弧能量和电弧时间先减少后增加。操作次数小于 28000 次时，MSE 工艺制备的 Ag/SnO$_2$(10)电触头材料

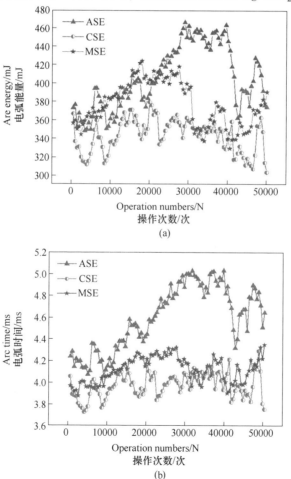

(a)

(b)

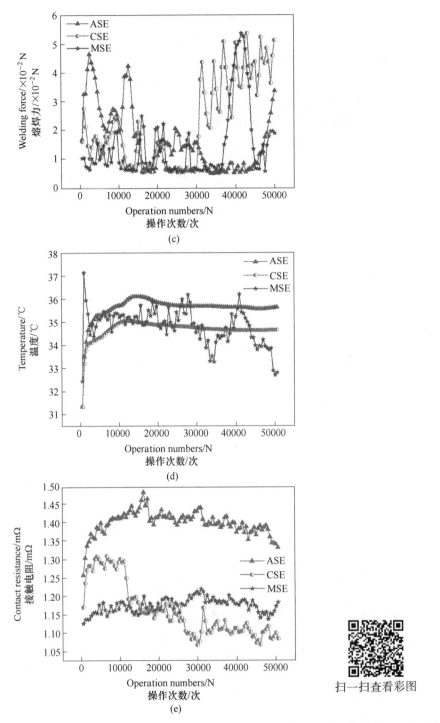

图 6-22　不同工艺制备 Ag/SnO₂(10)电触头 50000 次操作时每 500 次电接触物理现象平均值

(a) 电弧能量；(b) 电弧时间；(c) 熔焊力；(d) 温度；(e) 接触电阻

扫一扫查看彩图

的电弧能量和电弧时间随着操作次数的增加而增加；操作次数从 28000 次增加到 35000 次时，电弧能量和电弧时间逐渐减少；操作次数从 35000 次增加到 40000 次时，电弧能量和电弧时间先增加后减少；操作次数从 40000 次增加到 50000 次时，电弧能量和电弧时间随着操作次数的增加而增加。CSE 工艺制备的 Ag/SnO₂(10)电触头材料的电弧能量和电弧时间变化趋势相对稳定（电弧能量维持在 340mJ 左右，电弧时间维持在 3.9ms 左右）。不同工艺制备的 Ag/SnO₂(10)电触头材料 50000 次操作时熔焊力变化不规律，由于制备工艺不同，其变化趋势也不同（见图 6-22(c)）。ASE 和 CSE 工艺制备的 Ag/SnO₂(10)电触头材料 50000 次操作时的温度变化趋势相似，但与 MSE 工艺不同（见图 6-22（d））。ASE 和 CSE 工艺制备的 Ag/SnO₂(10)电触头材料在操作次数小于 15000 次时，温度随着操作次数的增加而升高；当操作次数从 15000 次增加到 50000 次时，温度下降非常缓慢，基本保持稳定。而 MSE 工艺制备的 Ag/SnO₂(10)电触头材料在 50000 次操作过程中的温度变化并不规律。由于制备工艺的不同，Ag/SnO₂(10)电触头材料在 50000 次操作过程中接触电阻的变化趋势也不同。ASE 工艺制备的 Ag/SnO₂(10)电触头材料在 50000 次操作过程中接触电阻高于 CSE 和 MSE 工艺（见图 6-22（e））。ASE 工艺制备的 Ag/SnO₂(10)电触头材料在 50000 次操作过程中的接触电阻最大，MSE 工艺制备的 Ag/SnO₂(10)电触头材料 50000 次操作时的接触电阻是最稳定的。ASE 工艺制备的 Ag/SnO₂(10)电触头材料由于接触电阻大，在 50000 次操作过程中出现了温度升高。

6.2.2 制备工艺对电弧侵蚀率的影响

评价电触头的电弧侵蚀是理解电触头材料和开关器件性能的基础。电弧侵蚀最常用的测量方法是测量电触头的质量变化。不同方法制备的 Ag/SnO₂(10)电触头材料经过 50000 次操作后的质量变化如图 6-23 所示。由图 6-23 可知，CSE 法制备的 Ag/SnO₂(10)电触头材料阴极质量损失最小（0.6mg），ASE 法制备的 Ag/SnO₂(10)电触头材料阴极质量损失最大（1.5mg）；MSE 法制备的 Ag/SnO₂(10)电触头材料阳极质量损失最小（0.1mg），ASE 法和 CSE 法制备的阳极质量损失相等（0.8mg）；MSE 法制备的 Ag/SnO₂(10)电触头材料阴极和阳极总质量损失最小（1.0mg），ASE 法制备的 Ag/SnO₂(10)电触头材料阴极和阳极总质量损失最大（2.3mg）。众所周知，电弧能量与电触头质量变化密切相关。电弧能量越大，电触头电弧侵蚀越严重；电弧时间越长，电触头电弧侵蚀越大。ASE 法制备的 Ag/SnO₂(10)电触头材料平均电弧能量和电弧时间最长，因此，ASE 法制备的 Ag/SnO₂(10)电触头材料的质量变化是最大的。

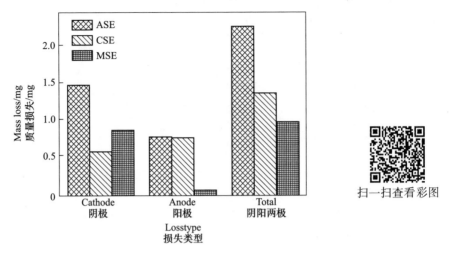

图 6-23　不同方法制备 Ag/SnO$_2$(10)电触头材料 50000 次操作后的质量损失

6.2.3　制备工艺对电弧侵蚀形貌的影响

6.2.3.1　三维宏观形貌

Ag/SnO$_2$(10)电触头材料的三维宏观形貌可以清晰地反映电弧侵蚀后表面的变化细节，有助于分析电弧侵蚀对 Ag/SnO$_2$(10)电触头材料的影响。不同方法制备的 Ag/SnO$_2$(10)材料 50000 次操作前后阴极和阳极的三维宏观形貌如图 6-24 所示。Ag/SnO$_2$(10)电触头材料在测试前具有光滑的曲面(见图 6-24(a))，但是 Ag/SnO$_2$(10)电触头材料经过 50000 次的操作后，由于电弧的作用，光滑的曲面发生了变化。从图可知，在相同的服役条件下，不同方法制备 Ag/SnO$_2$(10)电触头材料阳极表面形貌的变化均大于阴极，说明阳极电触头的电弧侵蚀比阴极更严重。不同方法制备的 Ag/SnO$_2$(10)电触头材料经过 50000 次操作后阴极的三维宏观形貌基本相似，说明制备工艺对 Ag/SnO$_2$(10)电触头材料阴极电弧侵蚀的影响较小。然而，不同方法制备的 Ag/SnO$_2$(10)电触头材料经过 50000 次操作后阳极的三维宏观形貌不同，说明制备工艺对 Ag/SnO$_2$(10)电触头材料阳极电弧侵蚀有较大影响。从图可以看出 ASE 法制备的 Ag/SnO$_2$(10)电触头材料的接触面损伤最为严重，阳极触头接触面损伤比阴极严重。ASE 法制备的 Ag/SnO$_2$(10)电触头材料阳极接触面上有许多小凹坑 (见图 6-24(b))，CSE 法制备的 Ag/SnO$_2$(10)电触头材料阳极接触面上观察到了熔融金属池 (见图 6-24 (c))，在 MSE 法制备的 Ag/SnO$_2$(10)电触头材料阴极表面上观察到凸峰 (见图 6-24 (d))。

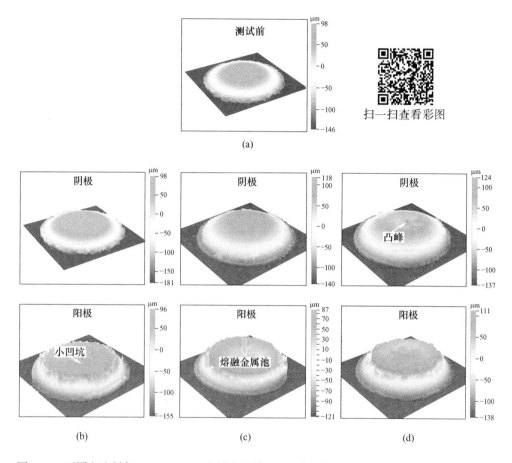

扫一扫查看彩图

图 6-24 不同方法制备 Ag/SnO₂(10)电触头材料 50000 次操作前后阴极和阳极的三维宏观形貌

(a) 测试前；(b)ASE；(c) CSE；(d) MSE

6.2.3.2 二维宏观形貌

不同方法制备的 Ag/SnO₂(10)电触头材料 50000 次操作后阴极和阳极的二维宏观电弧侵蚀形貌如图 6-25 所示。从图可以看出，ASE 制备的 Ag/SnO₂(10)电触头材料阳极喷溅侵蚀最为严重，在 ASE 制备的 Ag/SnO₂(10)电触头材料阳极表面边缘可以观察到大量的喷溅物（见图 6-25（a₂））；在 ASE 和 CSE 制备的 Ag/SnO₂(10)电触头材料阴极表面上观察到电弧侵蚀斑，由于电弧时间较长，CSE 法制备的 Ag/SnO₂(10)电触头材料阴极表面上的电弧侵蚀斑大于 ASE（见图 6-25（a₁）和（b₁））；MSE 法制备的 Ag/SnO₂(10)电触头材料阴极表面电弧侵蚀小于 ASE 法和 CSE 法（见图 6-25(c₁)）。

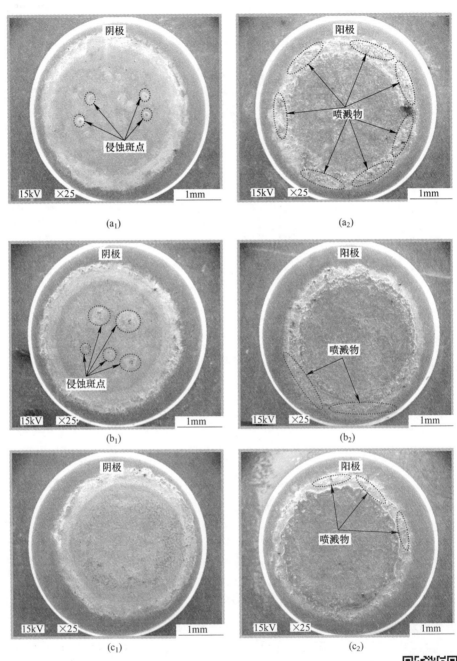

图 6-25　不同方法制备 Ag/SnO₂(10)电触头材料 50000 次
操作后阴极和阳极的二维宏观形貌

(a₁)，(a₂)ASE；(b₁)，(b₂) CSE；(c₁)，(c₂) MSE

扫一扫查看彩图

6.2.3.3 二维微观侵蚀形貌特征

不同方法制备的 Ag/SnO₂(10) 电触头材料经过 50000 次操作后的电弧侵蚀形貌特征如图 6-26 所示。由图 6-26 中可以观察到 6 种典型的电弧侵蚀形态，如 SnO₂ 颗粒、裂纹、孔洞、蜂窝状、花椰菜状喷溅物和熔化银流动痕迹。Ag/SnO₂(10)ASE 电触头材料经 50000 次操作后，在电触头材料阴极表面可见约 1μm 的 SnO₂ 颗粒（见图 6-26(a)）。在电弧作用下，阴极和阳极电触头接触表面温度升高，银在温度达到熔点（961℃）时发生熔化，而 SnO₂ 颗粒由于熔点较高（1630℃）仍处于固态。由于银的熔化，形成了一个含有 SnO₂ 颗粒的熔池。在重力作用下，由于 SnO₂ 的密度（6.95g/cm³）小于银的密度（10.5g/cm³），熔池中的 SnO₂ 颗粒会发生由下向上移动，而银由于其密度较高，则发生由上向下移动。因此，当熔化的银迅速冷却时，在接触表面可以观察到 SnO₂ 颗粒。裂纹是一种非常危险的电弧侵蚀形态。裂纹的形成原因非常复杂，主要取决于电触头材料的结构和性能、电弧能量和外界工作条件。材料内部或表面不可避免地会出现一些缺陷（微孔、微裂纹、夹杂物、晶界和界面位错群等），这些缺陷是表面裂纹形成的根本原因。在电弧的高温作用下，接触面上的银会熔化；但由于电弧持续时间较短（本工作小于 10ms），表面熔化层会急剧冷却凝固，熔覆层的快速凝固导致熔覆层组织中的空位密度和位错密度增加，空位和位错密度的增加会降低晶界强度，增加应力作用下晶界裂纹形成的可能性（见图 6-26(b)）。熔融金属在电弧作用下会从空气中吸收大量气体。氧在液态银中的溶解度（0.3%）是固态银的溶解度（0.008%）的 40 倍，因此，熔融的银在电弧作用下含有大量的氧。在电弧熄灭后，由于氧气压力的变化，溶解在熔化银中的一部分氧气逃逸到空气中，另一部分氧由于快速凝固，没有时间从熔化的银中逸出，导致在接触表面和内部形成孔状和蜂窝状（见图 6-26(c)和(d)）。由于发生飞溅侵蚀，花椰菜型喷溅物主要出现在接触面边缘。花椰菜型喷溅物形成的主要原因是电弧侵蚀过程中的气化和液体蒸发飞溅。一方面，电触头表面材料在电弧能量作用下由固体变为液体，然后变为气体从电触头材料表面逃逸，最后气态银吸收了空气中的大量氧气，在接触表面迅速凝固，形成珊瑚状结构颗粒。另一方面，电触头接触表面在电弧能量作用下形成银熔池，液池中的微小液滴在各种力的作用下（如静电场力、电磁力、物质运动的反作用力、表面张力等）从熔池中飞溅出来，因此，花椰菜型喷溅是电弧作用下蒸发飞溅侵蚀的产物（见图 6-26(e)）。此外，银在电弧能的作用下熔化，由于熔化后的银不能及时在电触头接触面上扩散，导致快速凝固在电触头接触面上形成岛状结构（见图 6-26(f)）。

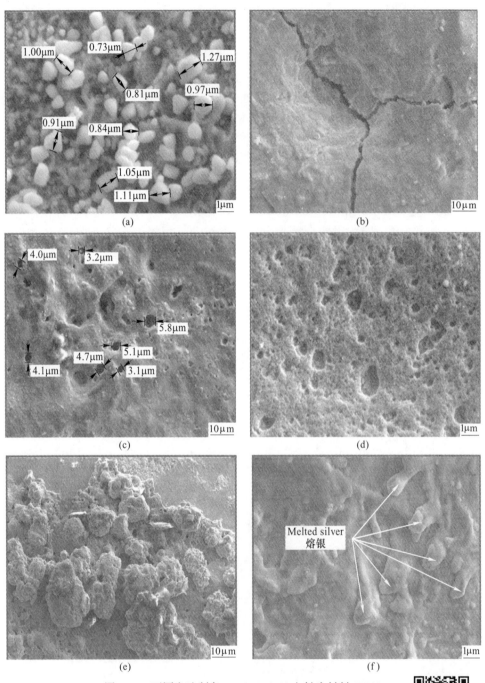

图 6-26 不同方法制备 Ag/SnO₂(10)电触头材料 50000
次操作后的二维微观形貌特征
(a) SnO₂ 粒子，ASE 阴极；(b) 裂纹，ASE 阳极；(c) 气
孔，ASE 阳极；(d) 蜂窝状，MSE 阴极；(e) 菜花状喷
溅物，ASE 阳极；(f) 熔化银，MSE 阳极

扫一扫看彩图

6.2.4 制备工艺对电触头横截面的影响

6.2.4.1 接触面轮廓信息

电触头材料阴极和阳极的垂直截面高度可以详细、真实地反映电弧侵蚀后电触头材料表面的变化情况。不同方法制备的 Ag/SnO₂(10)电触头材料阴极和阳极在中心点 X 和 Y 剖面信息分别如图 6-27 和图 6-28 所示。Ag/SnO₂(10)电触头阴极和阳极表面在电弧侵蚀前都是光滑的曲面（图 6-27（a）和图 6-28（a））。但是，经过 50000 次的操作后，阴极和阳极电触头中心点 X、Y 轮廓都有了很大的变化。从图可以看出，阳极电触头上的 X、Y 剖面变化大于阴极，说明阳极上的电弧侵蚀比阴极上的更严重。ASE 法制备的 Ag/SnO₂(10)电触头材料阴极表面变化最大（见图 6-27（b）），CSE 法制备的 Ag/SnO₂(10)电触头材料阴极表面变化最小（见图 6-27（c））。MSE 法制备的 Ag/SnO₂(10)电触头材料阴极表面出现了凸峰（见图 6-27（d））。CSE 法制备的 Ag/SnO₂(10)电触头材料阳极表面变化与 ASE 法和 MSE 法制备的 Ag/SnO₂(10)电触头材料阳极表面变化不同。CSE 法制备的 Ag/SnO₂(10)电触头材料在阳极表面上观察到了银熔池，熔池高度为 0.0543mm，熔池顶部半径为 1.1141mm，熔池底部半径为 0.5184mm，如图 6-28（c）所示。ASE 法制备的 Ag/SnO₂(10)电触头材料阳极表面 X 剖面的变化大于 Y 剖面的变化（见图 6-28（b））。而 MSE 法制备的 Ag/SnO₂(10)电触头材料阳极表面的 X、Y 剖面变化情况相似（见图 6-28（d））。

6.2.4.2 横截面组织和元素面分布

ASE、CSE 和 MSE 制备的 Ag/SnO₂(10)电触头材料经过 50000 次操作后横截面组织和元素分布分别如图 6-29、图 6-30 和图 6-31 所示。ASE 和 CSE 制备的 Ag/SnO₂(10)电触头材料经过 50000 次操作后，阴极电触头横截面组织和元素面分布相似，未观察到银熔池和纯银层（见图 6-29（a）和图 6-30（a））；而 MSE 法制备的 Ag/SnO₂(10)电触头材料经过 50000 次操作后，在阴极电触头横截面上观察到一层 20μm 厚的纯银层（见图 6-31（a））。结果表明，电弧侵蚀严重影响了 MSE 制备的 Ag/SnO₂(10)电触头材料阴极横截面的微观组织和元素分布。而在相同的测试条件下，ASE 和 CSE 制备的 Ag/SnO₂(10)电触头材料阴极横截面微观组织和元素分布几乎没有变化。此外，在相同的测试条件下，ASE、CSE 和 MSE 制备的 Ag/SnO₂(10)电触头材料阳极横截面微观组织和元素分布有不同程度的变化。ASE 制备的 Ag/SnO₂(10)电触头材料经过 50000 次操作后，在阴极横截面上观察到 10μm 厚的纯银层，并出现裂纹。在电弧侵蚀作用下，熔池内 SnO₂ 颗粒发生飞溅并形成纯银层（见图 6-29（b））。CSE 制备的 Ag/SnO₂(10)电触头材料

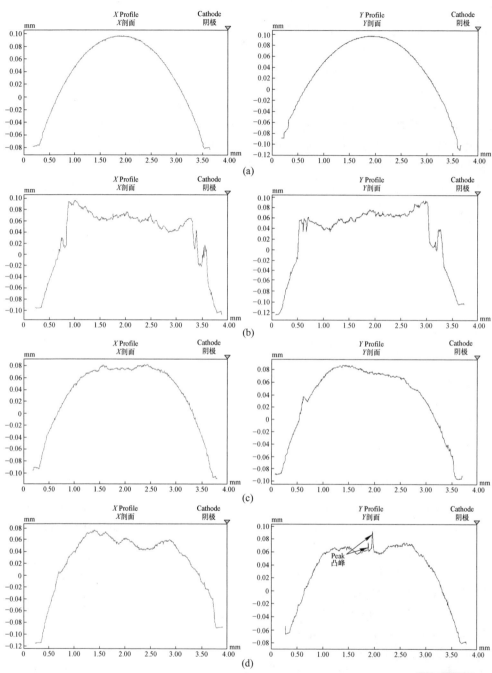

图 6-27   不同方法制备 Ag/SnO$_2$(10)阴极电触头

50000 次操作前后 X 和 Y 剖面信息

（a）测试前；（b）ASE；（c）CSE；（d）MSE

扫一扫查看彩图

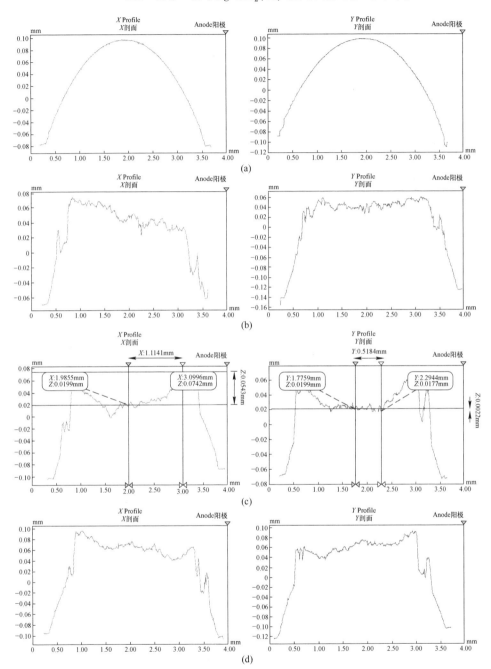

图 6-28　不同方法制备 Ag/SnO$_2$(10)阳极电触头 50000
次操作前后 X 和 Y 剖面信息

（a）测试前；（b）ASE；（c）CSE；（d）MSE

扫一扫查看彩图

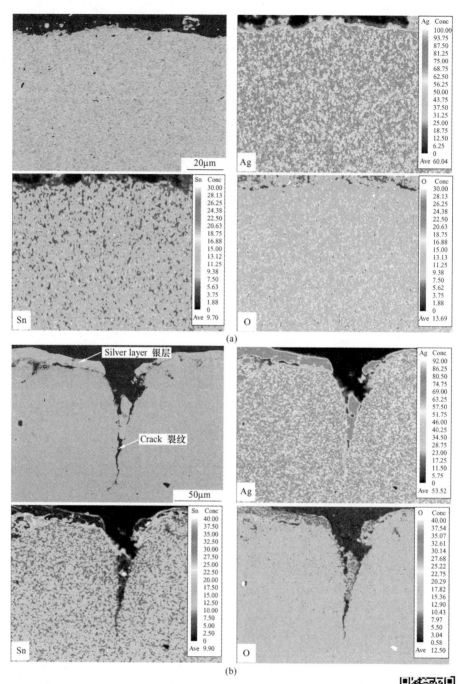

图 6-29　ASE 法制备 Ag/SnO₂(10)电触头材料 50000
次操作后横截面组织和元素面分布
(a) 阴极；(b) 阳极

扫一扫查看彩图

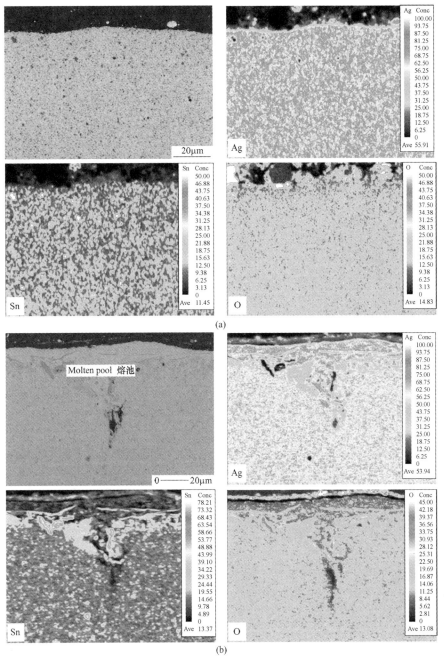

图 6-30　CSE 法制备 Ag/SnO₂(10) 电触头材料 50000
次操作后横截面组织和元素面分布

(a) 阴极；(b) 阳极

扫一扫查看彩图

50000 次操作后，在阳极横截面上观察到银熔池。SnO$_2$ 颗粒主要分布在熔池底部，而 Ag 元素主要分布在熔池顶部（见图 6-30(b)）。MSE 制备的 Ag/SnO$_2$(10) 电触头材料经过 50000 次操作后，在阳极横截面上观察到 60μm 厚的纯银层，并出现裂纹和气孔（见图 6-31(b)）。在相同的试验条件下，MSE 法制备的 Ag/SnO$_2$(10)

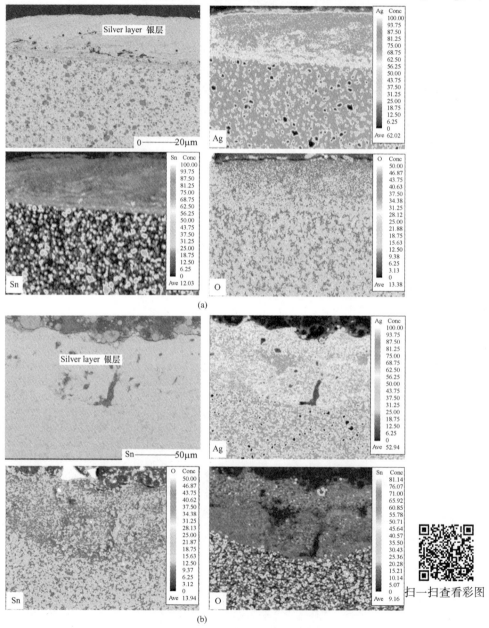

图 6-31　MSE 法制备 Ag/SnO$_2$(10) 电触头材料 50000 次操作后横截面组织和元素面分布
(a) 阴极；(b) 阳极

电触头材料阴极和阳极横截面上微观组织变化最为严重。因此，在相同的服役条件下，MSE 制备的 Ag/SnO₂(10)电触头材料的抗电弧侵蚀性能最差。

6.2.5 分析与讨论

6.2.5.1 CSE 制备 Ag/SnO₂(10)阳极电触头体积电弧侵蚀

测量电触头在电弧侵蚀过程中质量变化的方法有两种。一种是用电子天平测量电触头在服役前后质量的变化，叫称重法；另一种是利用三维表面轮廓测量仪，通过测量体积变化（熔融金属池的体积）来计算质量的变化，叫容积法。将用来测试的电触头材料密度假设为常数，则净体积变化可以用来计算表面的质量变化。根据 CSE 工艺制备的 Ag/SnO₂(10)电触头材料的三维宏观形貌（见图 6-24(c)）和垂直截面高度（见图 6-28(c)）可以看出，熔池的形状呈碗状（见图 6-32）。根据图 6-32 的几何关系，可得式（6-1）和式（6-2）：

$$\frac{h_2}{h_1 + h_2} = \frac{r_2}{r_1 + r_2} \tag{6-1}$$

$$V_{\text{pool}} = \frac{1}{3}\pi r_1{}^2(h_1 + h_2) - \frac{1}{3}\pi r_2{}^2 h_2 \tag{6-2}$$

式中，r_1、r_2 分别为熔池上下半径；h_1 为熔池高度；h_2 为熔池底部到 Ag/SnO₂(10)电触头底部的高度；V_{pool} 为熔池体积。

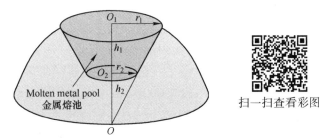

扫一扫查看彩图

图 6-32　CSE 工艺制备 Ag/SnO₂(10)阳极电触头经 50000 次操作后熔池示意图

根据图 6-28(c)，可以得到 r_1、r_2、h_1 的值如下：

$$r_1 = 1.1141\text{mm}, \quad r_2 = 0.5184\text{mm}, \quad h_1 = 0.0543\text{mm} \tag{6-3}$$

根据式（6-1）、式（6-2）、式（6-3）的计算结果，可以得到熔池的体积为：

$$V_{\text{pool}} = 0.1186\text{mm}^3 \tag{6-4}$$

由式（6-5）可计算体积法测得的质量变化结果。

$$\Delta m_v = \rho V_{pool} = 9.92 \times 0.1186 = 1.1765 \text{mg} \tag{6-5}$$

式中，Δm_v 为体积法测得的质量损失；ρ 为 CSE 工艺制备 Ag/SnO₂(10)电触头材料的密度。

　　容积法测得的质量变化值为 1.1765mg，称重法测得的质量变化值为 0.8mg。结果表明，容积法测得的质量变化值比称重法大 0.3765mg。0.3765mg 的质量变化主要是残留在阳极触头上的喷溅侵蚀物。采用 CSE 工艺制备的 Ag/SnO₂(10)电触头材料阳极表面出现少量的喷溅侵蚀物（见图 6-25(b₂)），称重法不能反映这些变化和细节，因此，容积法测量的质量变化不仅包括蒸发侵蚀和喷溅侵蚀的质量，还包括电极上残留的质量。容积法测量触头材料的电弧侵蚀率不但可以充分描述接触面的条件，而且可以准确描述表面轮廓数据的变化。

6.2.5.2　电弧侵蚀模型

　　上面分析结果表明，不同工艺制备的 Ag/SnO₂(10)电触头材料的电弧侵蚀行为是不同的。电弧侵蚀是电触头材料表面累积电弧能量释放，导致金属熔化和汽化的结果。无论是在阴极电触头上还是在阳极电触头上，累积电弧能量主要损失在金属的加热熔化和蒸发。另外，在电子的转移过程中，累积的电弧能量也会损失一部分。金属受热和阴极表面附近强电场的形成会对阴极产生发射电子。一方面，电极的加热会导致银蒸汽侵蚀；另一方面，也会导致银熔池的形成。在该力的作用下，以熔滴形式的液态金属喷溅出来。当电弧时间较短，电流较小（平均热流 q_B 较小）时，在电极接触表面可观察到许多小凹坑和小熔化深度的接触痕迹。在这种情况下，由于金属过度加热形成的单个小坑是电弧侵蚀的结果。随着电流和电弧时间的增加，平均加热量足以形成大的熔池。全部或部分金属从熔池中溅到电极间隙中。表面形貌观察和垂直截面高度观察结果表明，ASE 和 MSE 制备的 Ag/SnO₂(10)电触头材料的侵蚀属于许多小凹坑的侵蚀模型（见图 6-33 (a)）。而 CSE 制备的 Ag/SnO₂(10)电触头材料的侵蚀属于带熔融金属池的侵蚀模型（见图 6-33(b)）。

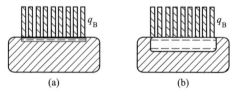

图 6-33　电弧侵蚀模型示意图
(a) 有许多小坑的侵蚀模型；(b) 有金属熔池的侵蚀模型

　　根据 Ag/SnO₂(10)电触头材料的侵蚀模型和电弧侵蚀结果，可以推断出不同工艺制备的 Ag/SnO₂(10)电触头材料的电弧侵蚀过程。不同工艺制备 Ag/SnO₂(10)电触头材料的电弧侵蚀过程如图 6-34 所示。在电弧能量作用下，阳极和阴极电触头材料的温度会升高，银的熔点较低（961℃）会优先熔化，而 SnO₂ 颗粒的熔点较高（1630℃）仍处于固态。银的熔化形成了含有 SnO₂ 颗粒的熔融池（见图 6-34(b)）；然后在力的作用下，液态金属以熔滴的形式喷溅出来（见图 6-34(c)）。无论是在接通还是断开过程中，阴、阳两电极之间都会产生电弧。电弧会反复侵蚀电触头的接触面，导致接触面成分和形貌的变化和温度的升高。上述结果表明，制备工艺对 Ag/SnO₂(10)电触头材料的电弧侵蚀行为有重要影响。采用 MSE 工艺制备的 Ag/SnO₂(10)电触头材料经过 50000 次操作后，在阴极和阳极电触头上均观察到银层（见图 6-34(d)）；采用 CSE 工艺制备的 Ag/SnO₂(10)

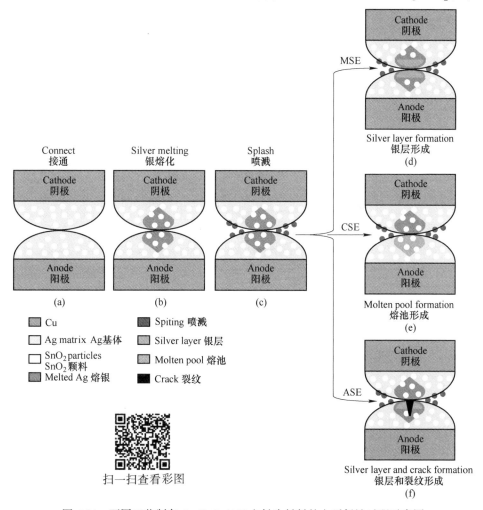

图 6-34 不同工艺制备 Ag/SnO₂(10)电触头材料的电弧侵蚀过程示意图

电触头材料经过 50000 次操作后，在阳极电触头上观察到了熔池（见图 6-34 (e)）；ASE 工艺制备的 Ag/SnO₂(10)电触头材料经过 50000 次操作后，在阳极电触头上观察到银层和裂纹（见图 6-34(f)）。

6.3　制备工艺和含量对 Ag/SnO₂ 电触头电弧侵蚀行为的影响

6.3.1　制备工艺和 SnO₂ 含量对电弧能量的影响

图 6-35 所示为不同制备工艺（ASE、CSE、MSE）和不同 SnO₂ 含量（质量分数）（10%和 12%）Ag/SnO₂ 电触头材料在 50000 次操作后的电弧能量概率。从图可以看出制备工艺和 SnO₂ 含量对 Ag/SnO₂ 电触头材料电弧能量都有一些影响，其中 MSE 工艺制备的 Ag/SnO₂(12)电触头材料电弧能量最大，CSE 工艺制备的 Ag/SnO₂(10)电触头材料电弧能量最小，Ag/SnO₂(10) ASE、AgSnO₂(12) ASE、AgSnO₂(12)CSE 和 Ag/SnO₂(10)MSE 电触头材料的电弧能量概率分布具有 99%的相似性。

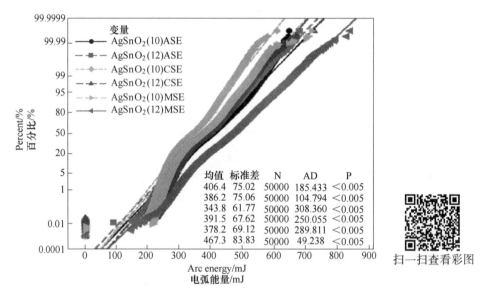

图 6-35　不同工艺和不同 SnO₂ 含量（质量分数）的 Ag/SnO₂ 电触头材料电弧能量概率

N—操作次数；AD—平均偏差；P—概率因子

6.3.2　制备工艺和 SnO₂ 含量对电弧时间的影响

图 6-36 所示为不同制备工艺（ASE、CSE、MSE）和不同 SnO₂ 含量（质量

分数）（10%和12%）的 Ag/SnO₂ 电触头材料在 50000 次操作后的电弧时间概率。从图可以看出制备工艺和 SnO₂ 含量对 Ag/SnO₂ 电触头材料电弧时间都有一些影响，其中 MSE 工艺制备的 Ag/SnO₂(12) 电触头材料电弧时间最长，ASE 工艺制备的 Ag/SnO₂(10) 和 Ag/SnO₂(12) 电触头材料电弧时间概率分布具有 99% 的相似性，CSE 工艺制备的 Ag/SnO₂(10) 和 Ag/SnO₂(12) 与 MSE 工艺制备的 Ag/SnO₂(10) 电触头材料的电弧时间概率分布也具有 99% 的相似性。

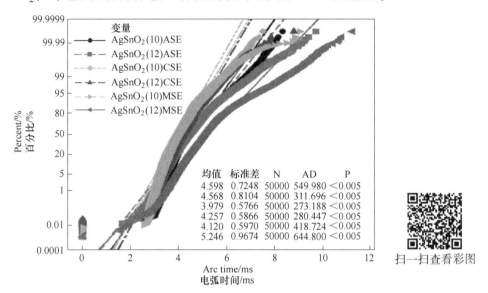

图 6-36　不同工艺和不同 SnO₂ 含量（质量分数）的 Ag/SnO₂ 电触头材料电弧时间概率

N—操作次数；AD—平均偏差；P—概率因子

6.3.3　制备工艺和 SnO₂ 含量对熔焊力的影响

图 6-37 所示为不同制备工艺（ASE、CSE、MSE）和不同 SnO₂ 含量（质量分数）（10%和12%）的 Ag/SnO₂ 电触头材料在 50000 次操作后的熔焊力概率。从图可以看出制备工艺和 SnO₂ 含量对 Ag/SnO₂ 电触头材料熔焊力的影响不大，不同工艺和含量的 Ag/SnO₂ 电触头材料 99% 的熔焊力都小于 8×10^{-2} N，只有 MSE 工艺制备的 Ag/SnO₂(12) 电触头材料熔焊力出现了大数值，最大值达 75×10^{-2} N，CSE 工艺制备的 Ag/SnO₂(10) 电触头材料熔焊力最大值可达 50×10^{-2} N。

6.3.4　制备工艺和 SnO₂ 含量对电弧侵蚀率的影响

图 6-38 所示为不同工艺（ASE、CSE 和 MSE）制备的不同 SnO₂ 含量（质量分数）（10%和12%）Ag/SnO₂ 电触头材料在 50000 次操作下的阴极、阳极质量以

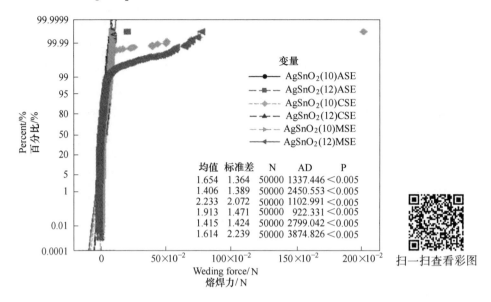

图 6-37　不同工艺和不同 SnO₂ 含量（质量分数）的 Ag/SnO₂ 电触头材料熔焊力概率

N—操作次数；AD—平均偏差；P—概率因子

及总的质量变化。从图可以看出 50000 次操作下氧化物含量和制备工艺对 Ag/SnO₂ 电触头材料的质量变化都有一定的影响。

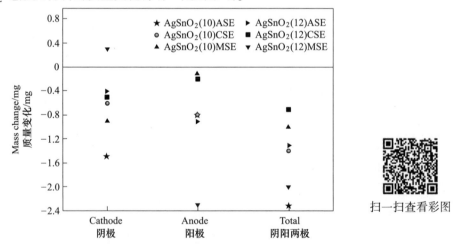

图 6-38　不同工艺和不同 SnO₂ 含量（质量分数）的 Ag/SnO₂ 电触头

材料阴极、阳极和阴阳两极质量变化

Ag/SnO₂ 电触头材料阴极质量变化表明，在 50000 次操作下，ASE 工艺制备的 Ag/SnO₂(10)电触头材料阴极质量变化最大，MSE 工艺制备的 Ag/SnO₂(12)电触头材料阴极质量变化最小。除 MSE 工艺制备的 Ag/SnO₂(12)电触头材料阴极质量增加外，其他工艺制备的 Ag/SnO₂ 电触头材料阴极质量都降低了，且其质量变化从小到大排序为：Ag/SnO₂(12)ASE＜Ag/SnO₂(12)CSE＜Ag/SnO₂(10)CSE＜Ag/SnO₂(10)MSE＜Ag/SnO₂(10)ASE。

Ag/SnO₂ 电触头材料阳极质量变化表明，在 50000 次操作下，所有的 Ag/SnO₂ 电触头材料阳极质量都降低了，其质量变化从小到大的排序为：Ag/SnO₂(10)MSE＜Ag/SnO₂(12)CSE＜Ag/SnO₂(10)CSE＝Ag/SnO₂(10)ASE＜Ag/SnO₂(12)ASE＜Ag/SnO₂(12)MSE。

Ag/SnO₂ 电触头材料总质量变化表明，50000 次操作下，Ag/SnO₂ 电触头材料的总质量都降低了，其质量变化从小到大的排序为：Ag/SnO₂(12)CSE＜Ag/SnO₂(10)MSE＜Ag/SnO₂(12)ASE＜Ag/SnO₂(10)CSE＜Ag/SnO₂(12)MSE＜Ag/SnO₂(10)ASE。

6.3.5 制备工艺和 SnO₂ 含量对电弧侵蚀形貌的影响

6.3.5.1 三维宏观形貌

图 6-39 所示为不同工艺（ASE、CSE 和 MSE）制备的不同 SnO₂ 含量（质量分数）(10% 和 12%) Ag/SnO₂ 电触头材料在 50000 次电弧操作下阴、阳两极电触头的三维宏观侵蚀形貌。从图可以看出，制备工艺不同，Ag/SnO₂ 电触头材料的电弧侵蚀形貌不同；SnO₂ 含量不同，Ag/SnO₂ 电触头材料的电弧侵蚀形貌也不同。SnO₂ 含量（质量分数）为 10% 时，ASE 工艺制备的 Ag/SnO₂ 电触头材料抗电弧侵蚀能力最好；SnO₂ 含量（质量分数）为 12% 时，CSE 工艺制备的 Ag/SnO₂ 电触头材料抗电弧侵蚀能力最好。

6.3.5.2 二维宏观形貌

图 6-40 所示为不同工艺（ASE、CSE 和 MSE）制备的不同 SnO₂ 含量（质量分数）(10% 和 12%) 的 Ag/SnO₂ 电触头材料在 50000 次操作下的二维宏观电弧侵蚀形貌。从图可以看出，制备工艺不同，Ag/SnO₂ 电触头材料的电弧侵蚀形貌不同，当氧化物含量（质量分数）为 10% 时，MSE 工艺制备的 Ag/SnO₂ 电触头材料表面形貌变化最小；当氧化物含量（质量分数）为 12% 时，CSE 工艺制备的 Ag/SnO₂ 电触头材料表面形貌变化最小。制备工艺相同，氧化物含量不同时，Ag/SnO₂ 电触头材料表面形貌变化也不同。ASE 工艺制备的 Ag/SnO₂(10)电触头材料表面形貌变化比 Ag/SnO₂(12)电触头材料要小；CSE 工艺制备的 Ag/SnO₂(10)电触头材料表面形貌变化与 Ag/SnO₂(12)电触头材料基本相似；MSE 工艺制备的 Ag/SnO₂(10)电触头材料表面形貌变化比 Ag/SnO₂(12)电触头材料要小。因此，制备工艺不同，Ag/SnO₂ 电触头材料的抗电弧侵蚀性能不同；氧化物含量不同，Ag/SnO₂ 电触头材料的抗电弧侵蚀性能也不同。

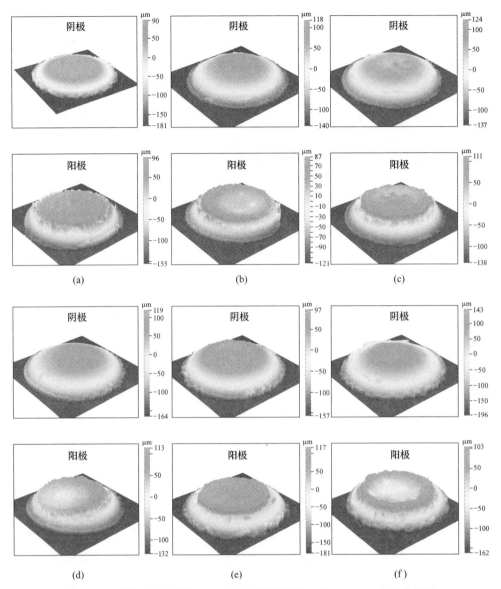

图 6-39 不同工艺和不同 SnO₂ 含量（质量分数）的 Ag/SnO₂ 电触头材料
阴极和阳极三维宏观电弧侵蚀形貌

（a）Ag/SnO₂(10)-ASE；（b）Ag/SnO₂(10)-CSE；（c）Ag/SnO₂(10)-MSE；

（d）Ag/SnO₂(12)-ASE；（e）Ag/SnO₂(12)-CSE；（f）Ag/SnO₂(12)-MSE

扫一扫查看彩图

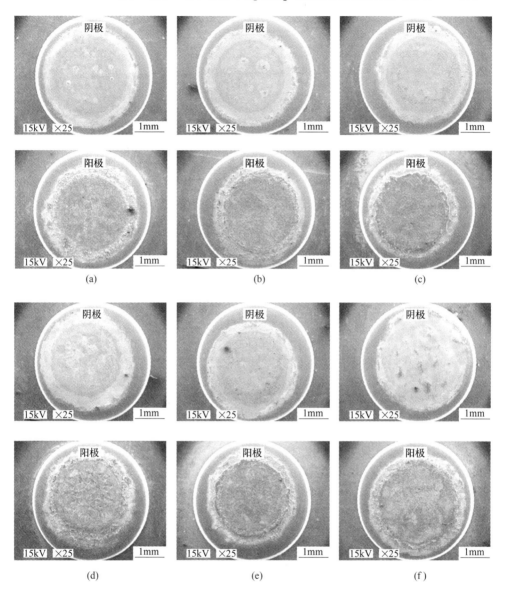

图 6-40 不同工艺和不同 SnO₂ 含量（质量分数）的 Ag/SnO₂ 电触头

材料阴极和阳极二维宏观电弧侵蚀形貌

（a）Ag/SnO₂(10)-ASE；（b）Ag/SnO₂(10)-CSE；（c）Ag/SnO₂(10)-MSE；

（d）Ag/SnO₂(12)-ASE；（e）Ag/SnO₂(12)-CSE；（f）Ag/SnO₂(12)-MSE

扫一扫查看彩图

参 考 文 献

[1] Krätzschmar A, Herbst R, Mützel T, et al. Basic investigations on the behavior of advanced Ag/SnO$_2$ materials for contactor applications [C]. Proceedings of the 56th IEEE Holm Conference on Electrical Contacts, Charleston, SC, USA, Oct, 2010: 7-11.

[2] Wintz J, Hardy S. Reduction of Ag/SnO$_2$ contact resistance by changing the brazing method and corresponding improvement of an 18.5kW contactor [C]. Proceedings of the 60th IEEE Holm Conference on Electrical Contacts, New Orleans, LA, USA, Oct. 2014: 6-10.

[3] Pons F. Electrical contact material arc erosion: Experiments and modeling towards the design of an silver cadmium oxide substitute [D]. Georgia Institute of Technology: 2010: 139.

[4] Li G J, Cui H J, Chen J, et al. Formation and effects of CuO nanoparticles on Ag/SnO$_2$ electrical contact materials [J]. Journal of Alloys and Compounds, 2017 (696): 1228-1234.

[5] Lin Z J, Liu S H, Sun X D, et al. The effects of citric acid on the synthesis and performance of silver-tin oxide electrical contact materials [J]. Journal of Alloys and Compounds, 2014 (588): 30-35.

[6] Li G J, Fang X Q, Feng W J, et al. In situ formation and doping of Ag/SnO$_2$ electrical contact materials [J]. Journal of Alloys and Compounds, 2017 (716): 106-111.

[7] Vladan C, Aleksandar C, Talijan N, et al. Improving dispersion of SnO$_2$ nanoparticles in Ag-SnO$_2$ electrical contact materials using template method [J]. Journal of Alloys and Compounds, 2013 (567): 33-39.

[8] Qiao X Q, Shen Q H, Zhang L J, et al. A Novel method for the preparation of Ag/SnO$_2$ electrical contact materials [J]. Rare Metal Materials and Engineering, 2014,43: 2614-2618.

[9] Zhang M, Wang X H, Yang X H, et al. Arc erosion behaviors of Ag/SnO$_2$ contact materials prepared with different SnO$_2$ particle sizes [J]. Trans Nonferrous Met Soc China, 2016 (26): 783-790.

[10] Li H Y, Wang X H, Guo X H, et al. Material transfer behavior of Ag/TiB$_2$ and Ag/SnO$_2$ electrical contact materials under different currents [J]. Materials and Design, 2017 (114): 139-148.

[11] Zhou X L, Tao Q Y, Zhou Y H. Microstructure and properties of AgSnO$_2$ composites by accumulative roll-bonding process [J]. Rare Metal Materials and Engineering, 2017, 46: 942-945.

[12] Carvou E, Le Garrec J L, Yee Kin Choi E, et al. Particle size determination in electrical arcs with Ag and Ag/SnO$_2$ electrodes using X-Ray scattering [C]. Proceedings of IEEE 61st Holm Conference on Electrical Contacts, San Diego, CA, USA, Oct. 2015: 59-62.

[13] 朱艳彩, 王景芹, 王海涛. Bi 掺杂纳米 AgSnO2 的耐电弧侵蚀性能研究 [J]. 稀有金属材料与工程, 2013, 42 (01): 149-152.

[14] Wu C P, Yi D Q, Chen J C. Internal oxidation of thermodynamics and microstructures of Ag-Y alloy [J]. Trans Nonferrous Me Soc China. 2007 (17): 232-237.

［15］ Yasukazu T, Shoji I, Yasufumi T. Internally oxidized electrical contact material of Ag-Sn alloy ［P］. JP6136473, 1994.

［16］ 陈达峰, 雷长明, 费宝荣, et al., 一种银氧化锡材料的制备方法 ［P］. CN03114863.8, 2003.

［17］ 王景芹, 温鸣, 王海涛, et al., 低压开关电器用银基稀土合金触头材料及其制备方法 ［P］. CN200410094083.1, 2004.

［18］ Toshiyuki O, Koji H, Toru K. Production of fine wire for producing Ag-tin oxide base electrical contact ［P］. JP8283882, 1996.

7 Ag/SnO$_2$In$_2$O$_3$ 电触头的电弧侵蚀行为

合金内氧化法制备的 Ag/SnO$_2$In$_2$O$_3$ 电触头材料具有良好的导电、导热性能，抗熔焊性强，电弧侵蚀损耗少，金属转移倾向小，具有较低的焊接力。随着氧化物含量的增加，Ag/SnO$_2$In$_2$O$_3$ 电触头材料电弧侵蚀不断减少，抗熔焊性增强，弱冷结合和强短弧型熔焊的焊接强度也显著降低[1-3]。与粉末冶金法制备的 Ag/SnO$_2$ 电触头材料相比，合金内氧化法 Ag/SnO$_2$In$_2$O$_3$ 电触头材料表现出优异的耐电弧侵蚀性，但抗熔焊性能稍差，在开断过程中电阻和温度的变化基本一致[4]。与 Ag/CdO 电触头材料相比，内氧化法 Ag/SnO$_2$In$_2$O$_3$ 电触头材料具有较低的接触电阻和温升性能，但是当 SnO$_2$ 和 In$_2$O$_3$ 含量过高时接触电阻和工作温度会显著增高[5]。在直流负载条件下，合金内氧化法 Ag/SnO$_2$In$_2$O$_3$ 电触头材料具有比普通 Ag/SnO$_2$ 材料更好的抗材料转移性能和抗浪涌电流冲击性能，基本不发生黏附或焊接[6,7]。对于汽车负载，在较高的开启速度下，合金内氧化法 Ag/SnO$_2$In$_2$O$_3$ 电触头材料具有较低的电弧侵蚀速度[8]。在交流接触器上，合金内氧化法 Ag/SnO$_2$In$_2$O$_3$ 电触头材料具有很好的抗熔焊性及耐电磨损性，电寿命长，且无污染[9]。在各种电器上的试用表明，Ag/SnO$_2$In$_2$O$_3$ 电触头能满足产品技术性能及寿命要求，稳定性好、可靠性高，可部分取代 Ag/CdO，同时它既无毒害，又可使电触头小型化[10,11]。而粉末预氧化法 Ag/SnO$_2$In$_2$O$_3$ 电触头材料的抗材料转移和抗熔焊能力明显优于合金内氧化法 Ag/SnO$_2$In$_2$O$_3$ 电触头材料[12]。本章全面系统介绍了操作次数对粉末预氧化法 Ag/SnO$_2$(6)In$_2$O$_3$(4)电触头材料电弧侵蚀行为的影响，并对比分析了 In$_2$O$_3$ 对 Ag/SnO$_2$ 电触头材料电弧侵蚀行为的影响。

7.1 操作次数对 Ag/SnO$_2$(6)In$_2$O$_3$(4) 电触头电弧侵蚀行为的影响

7.1.1 操作次数对电接触物理现象的影响

7.1.1.1 电弧能量

图 7-1 所示 ASE 工艺制备的 Ag/SnO$_2$(6)In$_2$O$_3$(4)电触头材料在不同操作次

数下（1000 次、3000 次、5000 次、10000 次、20000 次、30000 次和 40000 次）的电弧能量概率。结果表明，30000 次操作时，Ag/SnO$_2$(6)In$_2$O$_3$(4)ASE 电触头材料电弧能量最高，而在其他操作次数下，电弧能量分布基本相似。在不同操作次数下，电弧能量平均值从小到大的排序为：N3000（332.7mJ）< N20000（347.1mJ）< N1000（354.2mJ）< N40000（356.5mJ）< N5000（368.0mJ）< N10000（394.2mJ）< N30000（442.7mJ）。

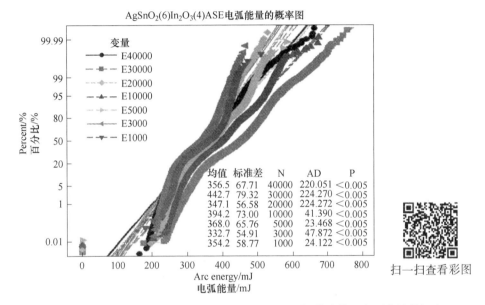

图 7-1　Ag/SnO$_2$(6)In$_2$O$_3$(4)ASE 电触头材料不同操作次数下电弧能量的概率

N—操作次数；AD—平均偏差；P—概率因子

7.1.1.2　电弧时间

图 7-2 所示为 ASE 工艺制备的 Ag/SnO$_2$(6)In$_2$O$_3$(4)电触头材料在不同操作次数下（1000 次、3000 次、5000 次、10000 次、20000 次、30000 次和 40000 次）的电弧时间概率。结果表明，30000 次操作时，Ag/SnO$_2$(6)In$_2$O$_3$(4)ASE 电触头材料电弧时间最长，而在其他操作次数下，电弧时间概率分布基本相似。在不同操作次数下，电弧时间平均值从小到大的排序为：N20000（3.797ms）< N3000（4.116ms）< N1000（4.342ms）< N40000（4.359ms）< N5000（4.369ms）< N10000（4.623ms）< N30000（5.377ms）。

7.1.1.3　熔焊力

图 7-3 所示为 ASE 工艺制备的 Ag/SnO$_2$(6)In$_2$O$_3$(4)电触头材料在不同操作

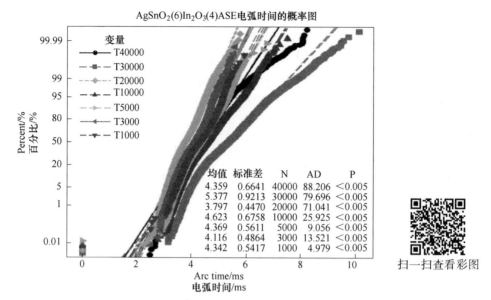

图 7-2　Ag/SnO₂(6)In₂O₃(4)ASE 电触头材料不同操作次数下电弧时间的概率

N—操作次数；AD—平均偏差；P—概率因子

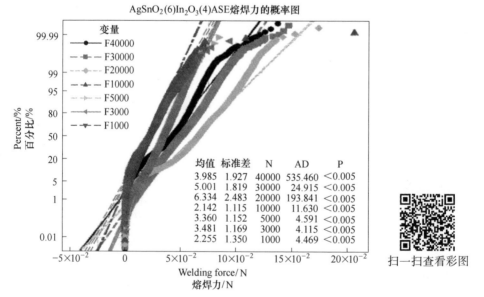

图 7-3　Ag/SnO₂(6)In₂O₃(4)ASE 电触头材料不同操作次数下熔焊力的概率

N—操作次数；AD—平均偏差；P—概率因子

次数下（1000 次、3000 次、5000 次、10000 次、20000 次、30000 次和 40000 次）的熔焊力概率。结果表明，Ag/InO₂(6)Sn₂O₃(4)ASE 电触头材料熔焊力的

数值都比较小（<20×10^{-2}N），其中 20000 次的熔焊力最大；其次是 30000 次和 20000 次的熔焊力；1000 次和 10000 次的熔焊力概率分布曲线基本相同，95% 的熔焊力都小于 4×10^{-2}N；而 3000 次和 5000 次的熔焊力概率分布曲线具有 99% 的相似性，它们 99% 的熔焊力都小于 6×10^{-2}N。

7.1.1.4　电接触物理现象平均值

图 7-4 所示为 ASE 工艺制备的 Ag/SnO$_2$(6)In$_2$O$_3$(4)电触头材料在不同操作次数下（1000 次、3000 次、5000 次、10000 次、20000 次、30000 次和 40000 次）的电弧能量、电弧时间和熔焊力平均值变化趋势。结果表明，除了 20000 次和 30000 次外，Ag/SnO$_2$(6)In$_2$O$_3$(4)ASE 电触头材料的电弧时间平均值随着操作次数的增加变化不大。不同操作次数下，Ag/SnO$_2$(6)In$_2$O$_3$(4)ASE 电触头材料的电弧能量平均值变化趋势与电弧时间平均值一致，但电弧能量平均值变化幅度很大。不同操作次数下，Ag/SnO$_2$(6)In$_2$O$_3$(4)ASE 电触头材料的熔焊力平均值变化趋势与电弧时间和电弧能量平均值不同。当操作次数小于 5000 次时，Ag/SnO$_2$(6)In$_2$O$_3$(4)ASE 电触头材料的熔焊力平均值随着操作次数的增加而增大；当操作次数为 20000 次时，Ag/SnO$_2$(6)In$_2$O$_3$(4)ASE 电触头材料的熔焊力平均值最大。

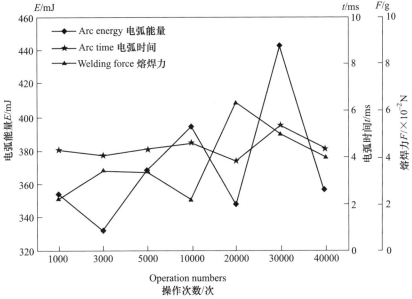

图 7-4　Ag/SnO$_2$(6)In$_2$O$_3$(4)ASE 电触头不同操作次数下电弧
能量、电弧时间和熔焊力平均值

扫一扫查看彩图

图 7-5 所示为 ASE 工艺制备的 Ag/SnO₂(6)In₂O₃(4)电触头材料在不同操作次数下（1000 次、3000 次、5000 次、10000 次、20000 次、30000 次和 40000次）的电阻率和温度变化值。结果表明，随着操作次数的增加，Ag/SnO₂(6)In₂O₃(4)ASE 电触头材料的接触电阻和温度的变化并没有一定的规律性。Ag/SnO₂(6)In₂O₃(4)ASE 电触头材料的电阻率变化在操作次数为 5000 次时最小，在操作次数为 40000 次时最大。Ag/SnO₂(6)In₂O₃(4)ASE 电触头材料的温度变化在操作次数为 3000 次时最小，在操作次数为 30000 次时最大。

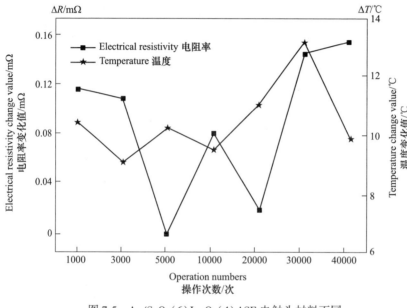

图 7-5　Ag/SnO₂(6)In₂O₃(4)ASE 电触头材料不同
操作次数下温度和接触电阻率变化值

扫一扫查看彩图

7.1.2　操作次数对电弧侵蚀率的影响

图 7-6 所示为 ASE 工艺制备的 Ag/SnO₂(6)In₂O₃(4)电触头材料在不同操作次数下（1000 次、3000 次、5000 次、10000 次、20000 次、30000 次和 40000次）的质量变化。结果表明，除 1000 次操作外，阳极电触头的质量都增加了，且随着操作次数的增加基本上呈线性增加；除 20000 次操作外，阴极电触头的质量都减少或保持不变，阴极电触头质量变化与操作次数间没有规律可循。当操作次数为 3000 次时，阳极和阴极电触头上的质量变化最小，且阴极上减少的质量等于阳极上增加的质量；当操作次数为 40000 次时，阳极和阴极电触头上的质量变化最大，且阴极上减少的质量等于阳极上增加的质量；当操作次数为 5000 次和 10000 次时，阴极电触头上的质量变化为 0；当操作次数为 20000 次时，阴阳两极电触头总质量变化最大。

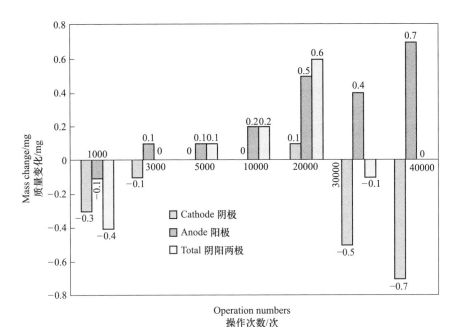

图 7-6 Ag/SnO₂(6)In₂O₃(4)ASE 电触头材料不同操作次数下质量变化

扫一扫查看彩图

7.1.3 操作次数对电弧侵蚀形貌的影响

7.1.3.1 三维宏观形貌

图 7-7 所示为 ASE 工艺制备的 Ag/SnO₂(6)In₂O₃(4)电触头材料在不同操作次数下（1000 次、3000 次、5000 次、10000 次、20000 次、30000 次和 40000次）阴、阳两极电触头的三维宏观电弧侵蚀形貌。从图可以看出，在电弧作用下，Ag/SnO₂(6)In₂O₃(4)ASE 电触头材料的表面形貌发生了很大的变化，阴极电触头表面出现了电弧侵蚀凸峰，阳极电触头表面出现了电弧侵蚀凹坑。随着操作次数的增加，阴、阳两极电触头表面形貌变化逐渐增大，阳极电触头表面上出现侵蚀凹坑的面积和深度随着操作次数的增加而增大，说明随着操作次数的增加，Ag/SnO₂(6)In₂O₃(4)ASE 电触头材料的电弧侵蚀越来越严重。在相同操作次数下，阳极电触头表面形貌变化比阴极严重，说明阳极电触头上的电弧侵蚀比阴极严重。

图 7-8 所示为 ASE 工艺制备的 Ag/SnO₂(6)In₂O₃(4)电触头材料在不同操作次数下（1000 次、10000 次和 40000 次）阴、阳两极电触头剖面的二维轮廓数据。当操作次数为 1000 次时，Ag/SnO₂(6)In₂O₃(4)ASE 阴阳两极电触头轮廓数

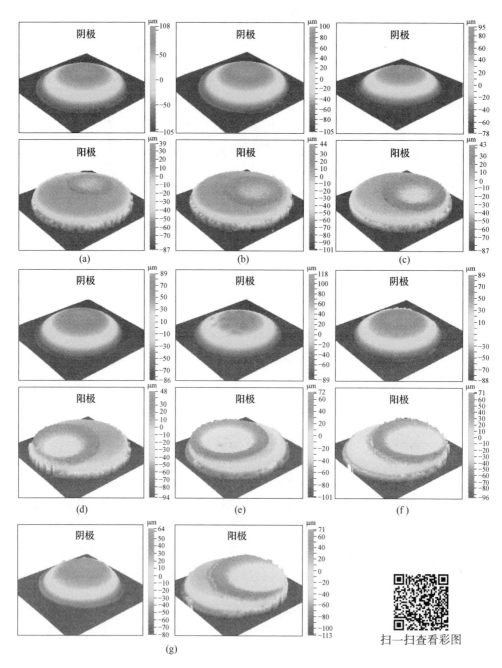

扫一扫查看彩图

图 7-7　Ag/SnO₂(6)In₂O₃(4)ASE 电触头材料不同操作次数下
阴极和阳极的三维宏观电弧侵蚀形貌

（a）1000；（b）3000；（c）5000；（d）10000；（e）20000；（f）30000；（g）40000

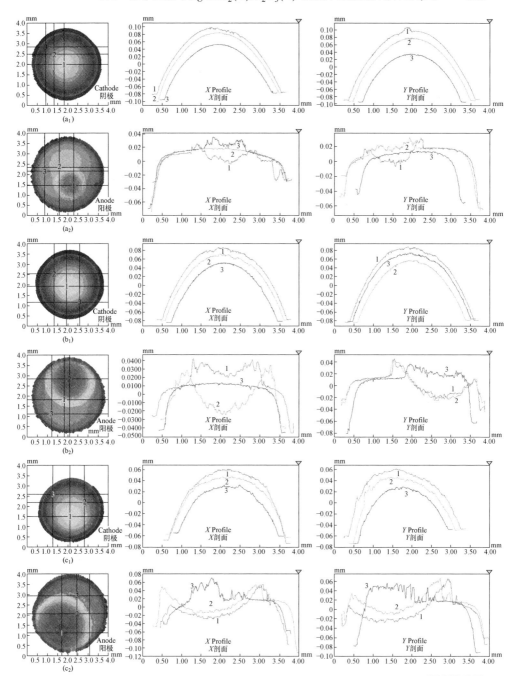

图 7-8 Ag/SnO₂(6)In₂O₃(4)ASE 电触头材料不同操作

次数下阴极和阳极的二维轮廓数据

(a₁), (a₂) 1000 次; (b₁), (b₂) 10000 次; (c₁), (c₂) 40000 次

扫一扫查看彩图

据表明，在电弧作用下，阴极电触头表面形貌基本没有发生变化（见图 7-8（a_1）），阳极电触头表面出现了直径为 1.4mm，深度为 0.02mm 的侵蚀凹坑（见图 7-8(a_2)）。当操作次数为 10000 次和 40000 次时，$Ag/SnO_2(6)In_2O_3(4)$ASE 阴极电触头 X 和 Y 剖面轮廓数据也没有太大变化，但是与 1000 次相比，在 Y 轴方向上数值分别变为了 0.08mm 和 0.06mm，说明阴极电触头表面在力的作用下，发生了变形，原来的弧形高度变小了（见图 7-8（b_1）和（c_1））；当操作次数为 10000 次和 40000 次时，$Ag/SnO_2(6)In_2O_3(4)$ASE 阳极电触头 X 和 Y 剖面轮廓数据发生了很大的变化，阳极电触头表面分别出现了直径为 2mm 和 2.5mm，深度为 0.06mm 和 0.04mm 的侵蚀凹坑（见图 7-8(b_2）和（c_2））。因此，随着操作次数的增加，$Ag/SnO_2(6)In_2O_3(4)$ASE 电触头材料的表面形貌变化越来越大，电弧侵蚀也越来越严重。在相同的操作次数下，$Ag/SnO_2(6)In_2O_3(4)$ASE 阳极电触头的电弧侵蚀比阴极严重。

7.1.3.2   二维宏观形貌

图 7-9 所示为 ASE 工艺制备的 $Ag/SnO_2(6)In_2O_3(4)$电触头材料在不同操作次数下（1000 次、3000 次、5000 次、10000 次、20000 次、30000 次和 40000 次）阴、阳两极电触头的二维宏观侵蚀形貌。从图可以看出，在电弧作用下，$Ag/SnO_2(6)In_2O_3(4)$ASE 电触头材料阴极和阳极表面都出现了圆形的电弧侵蚀斑，且随着操作次数的增加，电弧侵蚀斑的直径增大。电弧侵蚀斑内出现了一些点侵蚀。随着操作次数的增加，侵蚀斑内点侵蚀的数量增多。在相同的操作次数下，阳极上的电弧侵蚀斑大于阴极。

7.1.4   操作次数对横截面显微组织的影响

图 7-10 所示为 ASE 工艺制备的 $Ag/SnO_2(6)In_2O_3(4)$电触头材料在不同操作次数下（1000 次、3000 次、5000 次、10000 次、20000 次、30000 次和 40000 次）阴、阳两极电触头横截面的金相显微组织。从图可以看出，在不同操作次数下，$Ag/SnO_2(6)In_2O_3(4)$ASE 电触头材料横截面未观察到裂纹和明显的熔池组织。当操作次数为 1000 次和 3000 次时，阴极电触头表层观察到电弧侵蚀产物；当操作次数为 10000 次、20000 次、30000 次和 40000 次时，阳极电触头横截面出现了白色银层组织（见图 7-10 （d）、（e）、（f）和 （g））。

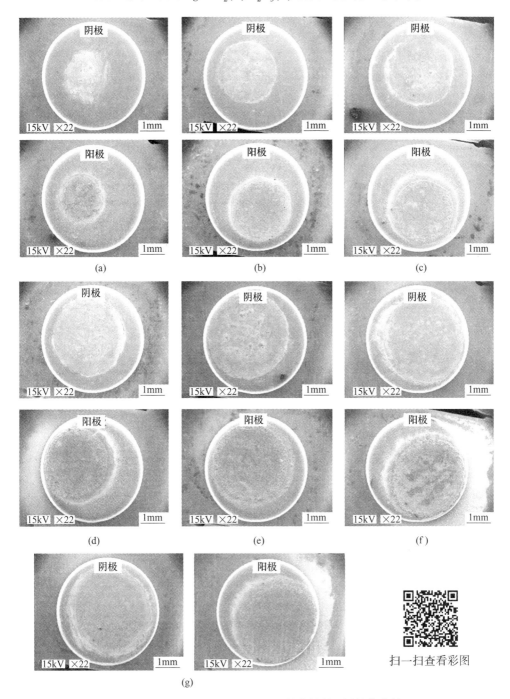

图 7-9 Ag/SnO$_2$(6)In$_2$O$_3$(4)ASE 电触头材料不同操作次数下
阴极和阳极的二维宏观电弧侵蚀形貌

(a) 1000 次；(b) 3000 次；(c) 5000 次；(d) 10000 次；(e) 20000 次；(f) 30000 次；(g) 40000 次

扫一扫查看彩图

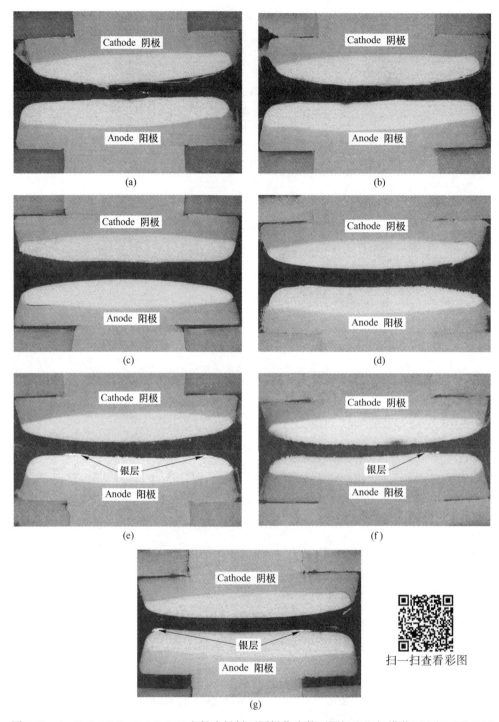

图 7-10   Ag/SnO$_2$(6)In$_2$O$_3$(4)ASE 电触头材料不同操作次数下阴极和阳极横截面金相显微组织

（a）1000 次；（b）3000 次；（c）5000 次；（d）10000 次；（e）20000 次；（f）30000 次；（g）40000 次

7.2 In$_2$O$_3$ 对 Ag/SnO$_2$ 电触头电弧侵蚀行为的影响

7.2.1 In$_2$O$_3$ 对 Ag/SnO$_2$ 电触头电弧能量的影响

图 7-11 所示为 ASE 工艺制备的 Ag/SnO$_2$ 和 Ag/SnO$_2$In$_2$O$_3$ 电触头材料在 50000 次操作下的电弧能量概率。从图可以看出，添加了 In$_2$O$_3$ 的 Ag/SnO$_2$ASE 电触头材料的电弧能量概率分布和未添加的 Ag/SnO$_2$ASE 电触头材料基本相同，但是添加 In$_2$O$_3$ 的 Ag/SnO$_2$ASE 电触头材料的电弧能量值要高于没有添加的。

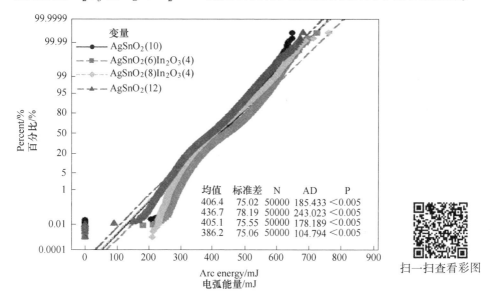

扫一扫查看彩图

图 7-11　Ag/SnO$_2$ASE 和 Ag/SnO$_2$In$_2$O$_3$ASE 电触头材料电弧能量概率

N—操作次数；AD—平均偏差；P—概率因子

7.2.2 In$_2$O$_3$ 对 Ag/SnO$_2$ 电触头电弧时间的影响

图 7-12 所示为 ASE 工艺制备的 Ag/SnO$_2$ 和 Ag/SnO$_2$In$_2$O$_3$ 电触头材料在 50000 次操作下的电弧时间概率。从图可以看出，添加了 In$_2$O$_3$ 的 Ag/SnO$_2$ASE 电触头材料的电弧时间概率分布和未添加的 Ag/SnO$_2$ASE 电触头材料基本相同，但是添加了 In$_2$O$_3$ 的 Ag/SnO$_2$ASE 电触头材料的电弧时间值要稍低于没有添加的。

7.2.3 In$_2$O$_3$ 对 Ag/SnO$_2$ 电触头熔焊力的影响

图 7-13 所示为 ASE 工艺制备的 Ag/SnO$_2$ 和 Ag/SnO$_2$In$_2$O$_3$ 电触头材料在

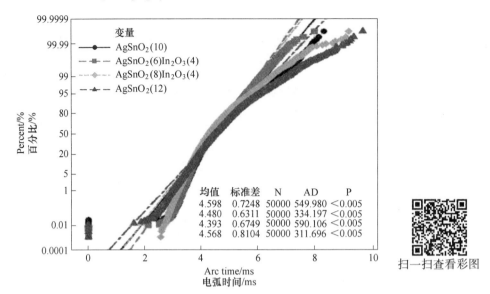

图 7-12　Ag/SnO₂ASE 和 Ag/SnO₂In₂O₃ASE 电触头材料电弧时间概率

N—操作次数；AD—平均偏差；P—概率因子

50000 次操作下的熔焊力概率。从图可以看出，In₂O₃ 对 Ag/SnO₂ASE 电触头材料熔焊力有一定的影响。氧化物含量为 10% 时，添加了 In₂O₃ 的 Ag/SnO₂ASE 电触头材料的熔焊力要大于未添加的；但是氧化物含量为 12% 时，添加了 In₂O₃ 的 Ag/SnO₂ASE 电触头材料的熔焊力要小于未添加的。

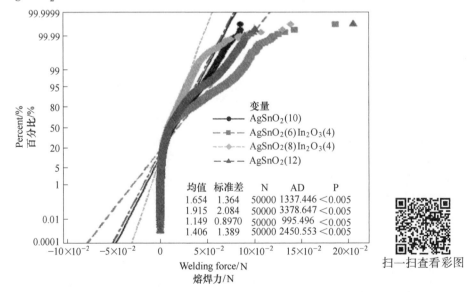

图 7-13　Ag/SnO₂ASE 和 Ag/SnO₂In₂O₃ASE 电触头材料熔焊力概率

N—操作次数；AD—平均偏差；P—概率因子

7.2.4　In$_2$O$_3$ 对 Ag/SnO$_2$ 电触头电弧侵蚀率的影响

图 7-14 所示为 ASE 工艺制备的 Ag/SnO$_2$ 和 Ag/SnO$_2$In$_2$O$_3$ 电触头材料在 50000 次操作下的阴极、阳极质量以及阴阳两极质量变化。由图可以看出，50000 次操作后，Ag/SnO$_2$ASE 和 Ag/SnO$_2$In$_2$O$_3$ASE 电触头材料阴极和阳极的质量都降低了。阴极质量变化从小到大的排序为：SnO$_2$(6)In$_2$O$_3$(4) = SnO$_2$(12) < SnO$_2$(8)In$_2$O$_3$(4) < SnO$_2$(10)；阳极质量变化从小到大的排序为：SnO$_2$(8)In$_2$O$_3$(4) < SnO$_2$(6)In$_2$O$_3$(4) < SnO$_2$(10) < SnO$_2$(12)；阴阳两极总质量变化从小到大的排序为：SnO$_2$(8)In$_2$O$_3$(4) = SnO$_2$(6)In$_2$O$_3$(4) < SnO$_2$(12) < SnO$_2$(10)。

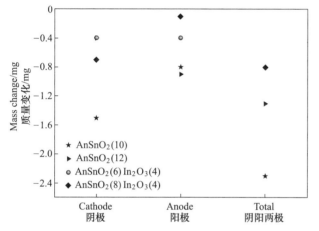

图 7-14　Ag/SnO$_2$ASE 和 Ag/SnO$_2$In$_2$O$_3$ASE 电触头材料质量变化

（"−"表示质量降低，"+"表示质量增加）

扫一扫查看彩图

7.2.5　In$_2$O$_3$ 对 Ag/SnO$_2$ 电触头电弧侵蚀形貌的影响

7.2.5.1　三维宏观形貌

图 7-15 所示为 ASE 工艺制备的 Ag/SnO$_2$ 和 Ag/SnO$_2$In$_2$O$_3$ 电触头材料在 50000 次操作下的阴极和阳极电触头表面三维宏观形貌。由图可以看出，在电弧作用下，Ag/SnO$_2$ASE 和 Ag/SnO$_2$In$_2$O$_3$ASE 电触头材料的表面形貌均发生了变化。当氧化物含量（质量分数）为 10% 时，Ag/SnO$_2$(10)ASE 电触头材料阴阳两极的表面形貌变化都比 Ag/SnO$_2$(6)In$_2$O$_3$(4)ASE 电触头材料要小，说明在相同服役条件下，Ag/SnO$_2$(10)ASE 电触头材料的抗电弧侵蚀性能优于 Ag/SnO$_2$(6)In$_2$O$_3$(4)ASE 电触头材料；当氧化物含量（质量分数）为 12% 时，Ag/SnO$_2$(12)ASE 电触头材料阴阳两极的表面形貌变化都比 Ag/SnO$_2$(8)In$_2$O$_3$(4)ASE 电触头材料要大，说明在相同服役条件下，Ag/SnO$_2$(8)In$_2$O$_3$(4)ASE 电触头材料的抗

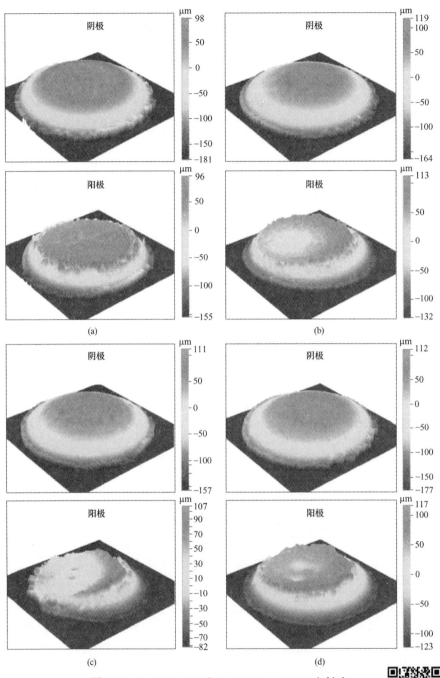

图 7-15   Ag/SnO₂ASE 和 Ag/SnO₂In₂O₃ASE 电触头
材料阴极和阳极三维宏观侵蚀形貌
(a) Ag/SnO₂(10); (b) Ag/SnO₂(12);
(c) Ag/SnO₂(6)In₂O₃(4); (d) Ag/SnO₂(8) In₂O₃(4)

扫一扫查看彩图

电弧侵蚀性能优于 Ag/SnO$_2$(12)ASE 电触头材料。

7.2.5.2 二维宏观形貌

图 7-16 所示为 ASE 工艺制备的 Ag/SnO$_2$ 和 Ag/SnO$_2$In$_2$O$_3$ 电触头材料在 50000

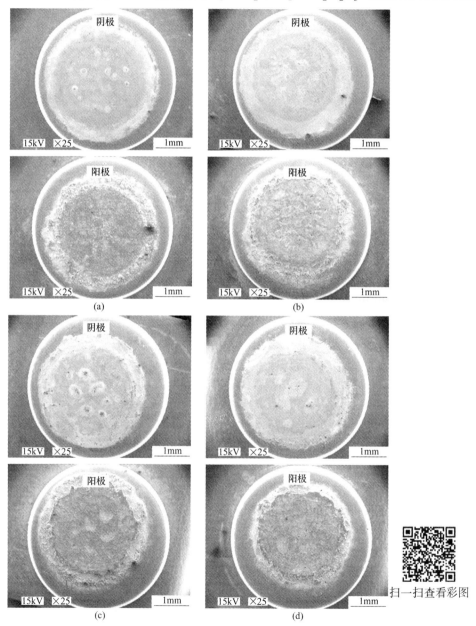

扫一扫查看彩图

图 7-16 Ag/SnO$_2$ASE 和 Ag/SnO$_2$In$_2$O$_3$ASE 电触头材料阴极和阳极二维宏观侵蚀形貌

(a) Ag/SnO$_2$(10); (b) Ag/SnO$_2$(12); (c) Ag/SnO$_2$(6)In$_2$O$_3$(4); (d) Ag/SnO$_2$(8) In$_2$O$_3$(4)

次操作下的阴极和阳极电触头表面二维宏观形貌。由图可以看出，在电弧作用下，Ag/SnO_2ASE 和 $Ag/SnO_2In_2O_3ASE$ 电触头材料的表面均出现了电弧侵蚀斑，$Ag/SnO_2(10)ASE$ 和 $Ag/SnO_2(12)ASE$ 电触头材料阴侵蚀斑内出现了细小的点侵蚀，阳极侵蚀斑边缘观察到了喷溅产物；$Ag/SnO_2(6)In_2O_3(4)ASE$ 和 $Ag/SnO_2(8)In_2O_3(4)ASE$ 电触头材料阴极侵蚀斑内的点侵蚀比 $Ag/SnO_2(10)ASE$ 电触头材料大，阳极侵蚀斑内出现了相应的侵蚀坑。

参 考 文 献

[1] Chen Z K, Witter G J. A Study of Dynamic Welding of Electrical Contacts with Emphasis on the Effects of Oxide Content for Silver Tin Indium Oxide Contacts [A]. In: 2010 Proceedings of the 56th IEEE Holm Conference on Electrical Contacts [C]. 2010. 1-6.

[2] Witter G, Chen Z. A Comparison of Silver Tin Indium Oxide Contact Materials Using a New Model Switch That Simulates Operation of an Automotive Relay [C]. Electrical Contacts, 2004. Proceedings of the IEEE Holm Conference on Electrical Contacts, 2004: 382-387.

[3] 龚家聪, 钞喜瑞. 锂对 Ag-SnO₂ 系电接点材料组织和性能的影响 [J]. 功能材料, 1991 (3): 9-14, 65.

[4] Donald M D. Comparison of the Switching Behavior of Internally Oxidized and Powder Metallurgical Silver Metal Oxide Contact Materials [C]. Proceedings of the Fortieth IEEE Holm Conference on Electrical Contacts. IEEE, 1994: 253-260.

[5] Mcdonnell D, Gardener J, Gondusky J. Comparison of the Switching Behavior of Silver Metal Oxide Contact Materials [C]. Proceedings of the Thirty Ninth IEEE Holm Conference on. IEEE, 1993: 37-43.

[6] 王松, 张吉明, 刘满门, 等. 制备工艺对 AgSnO₂(8)In₂O₃(4)电接触材料组织与性能的影响 [J]. 稀有金属与硬质合金, 2015, 43 (2): 45-49.

[7] Gavrilliu S, Lungu M, Enescu E. A comparative study concerning the obtaining and using of some Ag/CdO, Ag/ZnO and Ag/SnO2 sintered electrical contact materials [J]. Optoelectronics and Advanced Materials-Rapid Communications, 2009, 3 (7): 688-692.

[8] Chen Z K, Witter G. A Comparison of Contact Erosionfor Opening Velocity Vriations for 13 Volt Circuits [C]. IEEE Holm Conference on. 2006: 15-20.

[9] 徐锦祥, 刘军, 徐福元, 等. 新型多元银氧化锡铟电触头材料 [J]. 稀有金属材料与工程, 1987 (6): 30-33.

[10] 龚家聪, 钞喜瑞, 李呈祥. Ag-SnO₂-In₂O₃ 电接点材料研究及应用 [J]. 功能材料, 1987 (3): 1-4.

[11] Wang H, Wang H. Study on the Arc Property of Ag/SnO₂ Contact Material [C]. International Conference on Electrical Contacts. IET, 2012: 406-410.

[12] 郭玉石, 姬婉婷, 张晨飞, 等. 粉末预氧化法 AgSnO₂In₂O₃ 电接触材料的制备及性能研究 [J]. 电工材料, 2015 (5): 3-6.

8 Ag/MeO 电触头的电弧侵蚀行为与机理

银金属氧化物（Ag/MeO）电触头材料在开关器件中具有良好的性能，可最大限度地减少操作过程中的接触焊接和电弧侵蚀，在开关器件中得到了广泛的应用[1]。电弧与电触头接触面的相互作用是一个复杂的现象，涉及材料侵蚀和沉积的多种机制[2]。影响电弧侵蚀的因素很多，如电性因素[3-5]、机械因素[6,7]、材料因素[8,9]和环境因素[10]。电弧会引起电触头接触表面形貌和成分的变化。表面形貌的变化也会引起电触头接触电阻的变化，接触电阻通常随着电弧的反复作用而增大[11,12]。传统上通过测量电触头质量变化来间接评估接触操作引起的接触面结构变化，但在某些情况下质量变化很小无法测出其变化值，而且质量变化不能给出接触表面形态的详细信息，不能描述出电触头接触剖面轮廓。例如，当一个电弧侵蚀凸峰和一个侵蚀坑在同一个电极上形成时，侵蚀峰质量的增加和侵蚀坑质量的减小可能会相互抵消，导致总质量只有微小的变化。传统的二维形貌检测方法（SEM）对于电触头的电弧侵蚀形貌可以给出较好的定性结果[13]，但却很难真正表征出电触头材料的电弧侵蚀表面轮廓。目前用于评估材料接触面形貌的技术主要有扫描隧道显微镜（STM）、原子力显微镜（AFM）、扫描激光显微镜（SLM）和三维光学轮廓仪（3DOP）。STM 和 AFM 可以提供纳米级或更小的高空间分辨率形貌[14]。然而，他们的探针通常在 z 轴方向不能大范围移动。因此，不适用于评估电触头表面上形成高度或深度为数百微米的尖峰和弹坑；同时 STM 和 AFM 不适合低放大率的观测，用它们评估直径为几毫米的电触头电极需要很长的时间。Swinger 证实三维光学轮廓仪（3DOP）能够成功地获得各种有用的三维宏观侵蚀形貌图和二维轮廓数据（例如侵蚀坑的深度、侵蚀凸峰的高度和材料转移或电弧侵蚀体积)[15]。

本章全面系统介绍了操作次数和合金组元对 Ag/MeO 电触头材料电弧侵蚀行为的影响，重点研究了不同合金组元（ZnO、CuO、CdO、SnO_2 和 $SnO_2In_2O_3$）Ag/MeO 电触头材料的电弧侵蚀过程和电弧侵蚀机理，并解释了合金组元对 Ag/MeO(10) 电触头材料电弧侵蚀形貌的影响。

8.1 Ag/MeO(10) 电触头的组织与物理性能

ASE 工艺制备的不同合金组元 Ag/MeO(10) 电触头材料的金相显微组织如图 8-1

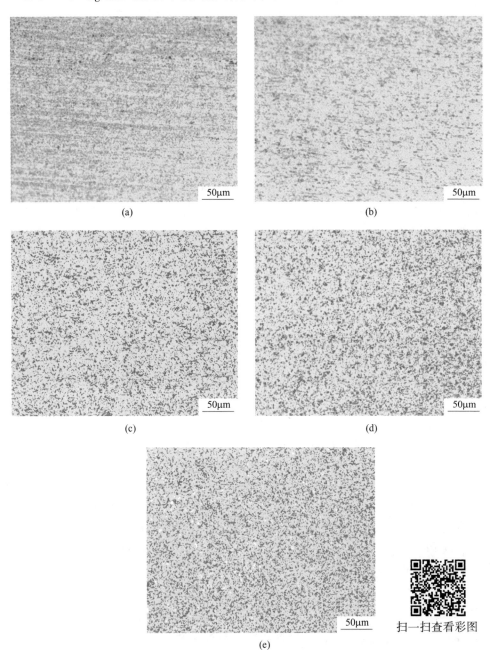

扫一扫查看彩图

图 8-1   不同合金组元 Ag/MeO(10)ASE 电触头材料的金相显微组织

(a) Ag/ZnO；(b) Ag/CuO；(c) Ag/CdO；(d) Ag/SnO$_2$；(e) Ag/SnO$_2$In$_2$O$_3$

所示。由图可知，氧化物颗粒均匀弥散分布在银基体上。ZnO 和 CuO 的颗粒尺寸小于 CdO、SnO$_2$ 和 SnO$_2$In$_2$O$_3$。不同合金组元 Ag/MeO(10)ASE 电触头材料的物理性能见表 8-1，合金元素的不同，Ag/MeO(10)ASE 电触头材料的物理性能

(相对密度、电阻率、硬度、拉伸强度和延伸率）不同。Ag/SnO$_2$(10) ASE 电触头材料的相对密度最大，Ag/CdO(10) ASE 电触头材料的相对密度最小；Ag/SnO$_2$(6) In$_2$O$_3$(4) ASE 电触头材料的电阻率、硬度和拉伸强度最大；Ag/CuO(10) ASE 电触头材料的电阻率、硬度和拉伸强度最小；Ag/CuO(10) ASE 电触头材料的伸长率最大，Ag/SnO$_2$(6) In$_2$O$_3$(4) ASE 电触头材料的伸长率最小。Ag/MeOASE 电触头材料属于颗粒强化金属基复合材料，其硬度和拉伸强度取决于强化相（氧化物颗粒）的大小和分散强化效果。细小的颗粒尺寸和优良的弥散强化效果将导致硬度和拉伸强度的提高。同时，氧化物颗粒尺寸和分散强化效果是影响 Ag/MeO 电触头材料导电性能的主要因素。在小粒径且具有良好分散强化效果的金属基复合材料下，电子必须通过更多的氧化物颗粒，所需能量的增加导致电阻率增大。此外，氧化物粒子的导电性和硬度对 Ag/MeO 电触头材料的导电性、硬度、拉伸强度和伸长率也有重要影响。粉末的致密程度主要取决于挤压和拉伸工艺。粉体的致密化过程实际上是排气过程。氧化物颗粒的分散分布可以提供更多的排气通道，这将导致 Ag/MeO 电触头材料的相对密度更高。

表 8-1 Ag/MeO(10) ASE 电触头材料的物理性能数据

电触头材料	相对密度 /%	电阻率 /μΩ·cm	硬度 HV0.3	拉伸强度 /MPa	伸长率 /%
Ag/ZnO(10)	99.89	2.25	90	279	20
Ag/CuO(10)	99.69	2.0	80	245	30
Ag/CdO(10)	99.12	2.01	90	290	20
Ag/SnO$_2$(10)	99.90	2.04	97	297	20
Ag/SnO$_2$(6)In$_2$O$_3$(4)	99.40	2.4	115	367	18

8.2 操作次数对 Ag/MeO(10)电触头电接触物理现象的影响

8.2.1 操作次数对电弧能量的影响

图 8-2 所示为 ASE 工艺制备的不同合金组元（ZnO、CuO、CdO、SnO$_2$ 和 SnO$_2$In$_2$O$_3$）的 AgMeO(10)电触头材料在不同操作次数下（1000 次、3000 次、5000 次、10000 次、20000 次、30000 次、40000 次）的电弧能量概率。从图可以看出，相同操作次数下，合金组元不同，Ag/MeO(10) ASE 电触头材料的电弧能量概率分布不同；而相同合金组元的 Ag/MeO(10) ASE 电触头材料在不同操作次数下的电弧能量概率分布也不同。

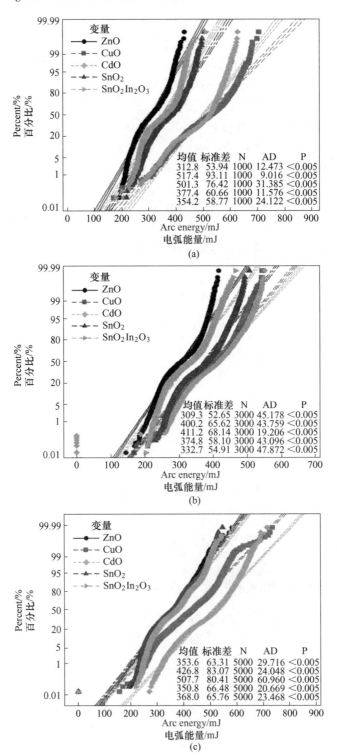

(a)

(b)

(c)

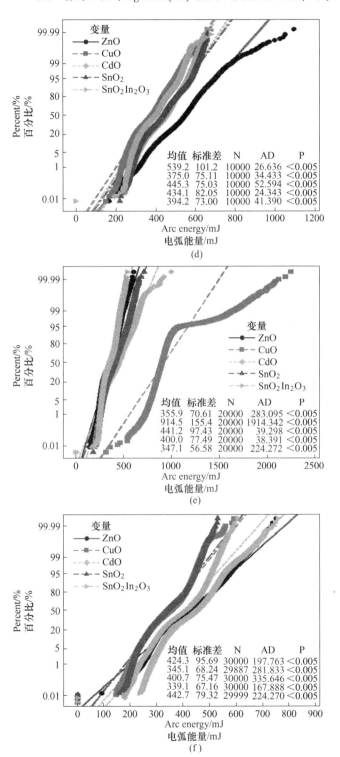

(d)

(e)

(f)

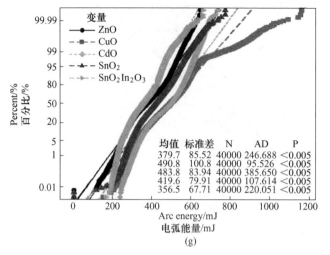

扫一扫查看彩图

(g)

图 8-2　不同合金组元 Ag/MeO(10)ASE 电触头材料在不同操作次数下电弧能量的概率

(a) 1000；(b) 3000；(c) 5000；(d) 10000；(e) 20000；(f) 30000；(g) 40000

N—操作次数；AD—平均偏差；P—概率因子

1000 次操作下，Ag/ZnO(10)ASE 电触头材料电弧能量最小；Ag/CuO(10) ASE 和 Ag/CdO(10)ASE 电触头材料的电弧能量分布有 50% 的相似性；Ag/SnO$_2$ (10)ASE 和 Ag/SnO$_2$(6)In$_2$O$_3$(4)ASE 电触头材料的电弧能量分布有 80% 的相似性；Ag/CuO(10)ASE 和 Ag/CdO(10)ASE 电触头材料的电弧能量大于 Ag/SnO$_2$ (10)ASE 和 Ag/SnO$_2$(6)In$_2$O$_3$(4)ASE 电触头材料的电弧能量。

3000 次操作下，Ag/ZnO(10)ASE 电触头材料电弧能量最小；Ag/CdO(10) ASE 电触头材料电弧能量最大；Ag/CuO(10)ASE、Ag/SnO$_2$(10)ASE 和 Ag/CdO (10)ASE 电触头材料的电弧能量分布有 50% 的相似性；Ag/SnO$_2$(6)In$_2$O$_3$(4) ASE 和 Ag/ZnO(10)ASE 电触头材料电弧能量分布基本相似。

5000 次操作下，Ag/CdO(10)ASE 电触头材料电弧能量最大；Ag/CuO(10) ASE 电触头材料电弧能量次之；Ag/ZnO(10)ASE、Ag/SnO$_2$(10)ASE 和 Ag/SnO$_2$ (6)In$_2$O$_3$(4)ASE 电触头材料的电弧能量分布有 99% 的相似性。

10000 次操作下，Ag/ZnO(10)ASE 电触头材料电弧能量最大；Ag/CuO(10) ASE 和 Ag/SnO$_2$(6)In$_2$O$_3$(4)ASE 电触头材料电弧能量分布具有 99.99% 的相似性；Ag/CdO(10)ASE 和 Ag/SnO$_2$(10)ASE 电触头材料的电弧能量分布也有 99.99% 的相似性。

20000 次操作下，Ag/CuO(10)ASE 电触头材料电弧能量比其他合金组元的电弧能量大很多，而且电弧能量概率分布也和其他合金组元不同；Ag/ZnO(10) ASE 、Ag/CdO(10)ASE、Ag/SnO$_2$(10)ASE 和 Ag/SnO$_2$(6)In$_2$O$_3$(4)ASE 电触头材料电弧能量分布具有 80% 的相似性。

30000 次操作下，Ag/CuO(10)ASE 和 Ag/SnO₂(10)ASE 电触头材料电弧能量概率分布具有 99.5%的相似性；在电弧能量值较低时（<450mJ），Ag/ZnO(10)ASE 和 Ag/CdO(10)ASE 电触头材料电弧能量概率分布具有 70%的相似性；在电弧能量值较高时（>450mJ），Ag/ZnO(10)ASE 和 Ag/SnO₂(6)In₂O₃(4)ASE 电触头材料电弧能量概率分布基本相同。

40000 次操作下，Ag/CuO(10)ASE 和 Ag/CdO(10)ASE 电触头材料电弧能量概率分布具有95%的相似性；Ag/ZnO(10)ASE 和 Ag/SnO₂(6)In₂O₃(4)ASE 电触头材料电弧能量概率分布具有75%的相似性；Ag/SnO₂(10)ASE 电触头材料电弧能量概率分布位于其他 Ag/MeO(10)ASE 电触头材料中间。

图 8-3 所示为 ASE 工艺制备的不同合金组元（ZnO、CuO、CdO、SnO₂ 和 SnO₂In₂O₃）的 Ag/MeO(10)电触头材料在不同操作次数下（1000 次、3000 次、5000 次、10000 次、20000 次、30000 次、40000 次）的电弧能量平均值。从图可以看出，在不同合金组元和不同操作次数下，Ag/CuO(10)ASE 电触头材料在 20000 次操作下的电弧能量平均值最大，Ag/ZnO(10)ASE 电触头材料在 3000 次操作下的电弧能量平均值最小。

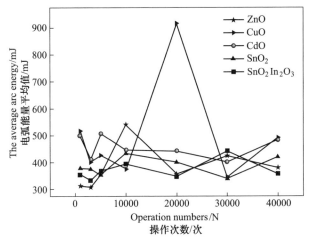

扫一扫查看彩图

图 8-3 不同合金组元 Ag/MeO(10)ASE 电触头材料
不同操作次数下电弧能量的平均值

合金组元相同，操作次数不同时，Ag/ZnO(10)ASE 电触头材料在 10000 次操作下的电弧能量平均值最大，在 3000 次操作下的电弧能量平均值最小；Ag/CuO(10)ASE 电触头材料在 20000 次操作下的电弧能量平均值最大，在 30000 次操作下的电弧能量平均值最小；Ag/CdO(10)ASE 电触头材料在 5000 次操作下的电弧能量平均值最大，在 30000 次操作下的电弧能量平均值最小；Ag/SnO₂(10)ASE 电触头材料在 10000 次操作下的电弧能量平均值最大，在 30000 次操作下的电弧能量平均值最小；Ag/SnO$_2$(6)In$_2$O$_3$(4)ASE 电触头材料在 30000 次操作下的电弧能量平均值最大，在 3000 次操作下的电弧能量平均值最小。

8.2.2 操作次数对电弧时间的影响

图 8-4 所示为 ASE 工艺制备的不同合金组元（ZnO、CuO、CdO、SnO$_2$ 和 SnO$_2$In$_2$O$_3$）的 Ag/MeO(10)电触头材料在不同操作次数下（1000 次、3000 次、5000 次、10000 次、20000 次、30000 次、40000 次）的电弧时间概率。从图可以看出，相同操作次数下，合金组元不同，Ag/MeO(10)ASE 电触头材料的电弧时间概率分布不同；而相同合金组元的 Ag/MeO(10)ASE 电触头材料在不同操作次数下的电弧时间概率分布也不同。

1000 次操作下，Ag/ZnO(10)ASE、Ag/SnO$_2$(10)ASE 和 Ag/SnO$_2$(6)In$_2$O$_3$(4)ASE 电触头材料电弧时间概率分布曲线基本相同；Ag/CuO(10)ASE 和 Ag/CdO(10)ASE 电触头材料的电弧时间概率曲线也基本相同。不同合金组元 Ag/MeO(10)ASE 电触头材料电弧时间值从小到大排序为：$t_{ZnO} < t_{SnO_2In_2O_3} < t_{SnO_2} < t_{CuO} < t_{CdO}$。

3000 次操作下，Ag/ZnO(10)ASE、Ag/CuO(10)ASE、Ag/CdO(10)ASE、Ag/SnO$_2$(10)ASE 和 Ag/SnO$_2$(6)In$_2$O$_3$(4)ASE 电触头材料电弧时间概率分布曲线基本相似，它们的电弧时间从小到大的排序为：$t_{ZnO} < t_{SnO_2In_2O_3} < t_{SnO_2} < t_{CuO} < t_{CdO}$。

5000 次操作下，Ag/CdO(10)ASE 电触头材料电弧时间最大；Ag/CuO(10)ASE 电触头材料电弧时间次之，而且其电弧时间概率分布曲线和其他 Ag/MeO(10) ASE 电触头材料相差很大；Ag/ZnO(10)ASE、Ag/SnO$_2$(10)ASE 和 Ag/SnO$_2$(6)In$_2$O$_3$(4)ASE 电触头材料的电弧时间概率分布有 99% 的相似性。

10000 次操作下，Ag/ZnO(10)ASE 电触头材料电弧时间最大，且电弧时间概率分布曲线不同于其他的 Ag/MeO(10) ASE 电触头材料；Ag/CuO(10)ASE、Ag/CdO(10)ASE、Ag/SnO$_2$(10)ASE 和 Ag/SnO$_2$(6)In$_2$O$_3$(4)ASE 电触头材料电弧时间概率分布具有 99% 的相似性。

20000 次操作下，Ag/CuO(10)ASE 电触头材料电弧时间很大，且其概率分布曲线不同于其他 Ag/MeO(10) ASE 电触头材料；Ag/ZnO(10)ASE、Ag/CdO(10)ASE、Ag/SnO$_2$(10)ASE 和 Ag/SnO$_2$(6)In$_2$O$_3$(4)ASE 电触头材料电弧时间分布比较接近。

30000 次操作下，Ag/CuO(10)ASE 和 Ag/SnO$_2$(10)ASE 电触头材料电弧时间概率分布具有 99% 的相似性；当电弧时间值较低时（<5ms），Ag/ZnO(10)ASE 和 Ag/CdO(10)ASE 电触头材料电弧时间概率分布具有 70% 的相似性；当电弧时间值较高时（>6ms），Ag/ZnO(10)ASE 和 Ag/SnO$_2$(6)In$_2$O$_3$(4)ASE 电触头材料电弧时间概率分布基本相同。

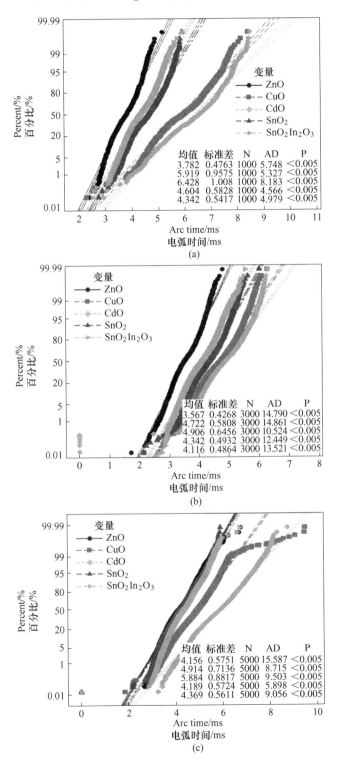

(a)

(b)

(c)

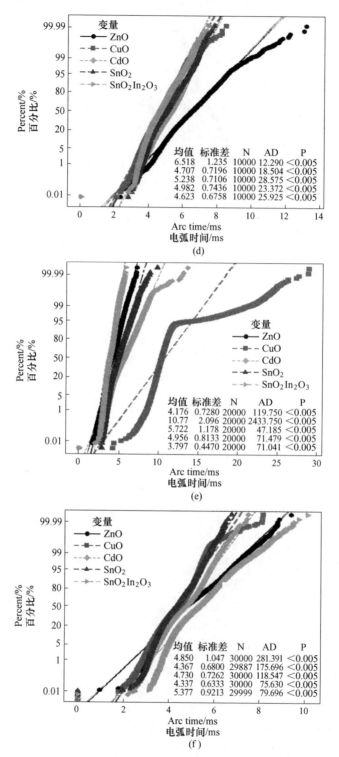

(d)

(e)

(f)

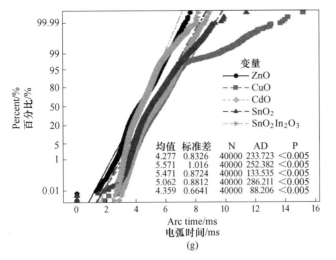

扫一扫查看彩图

图 8-4 不同合金组元 Ag/MeO(10)ASE 电触头材料在不同操作次数下电弧时间的概率

(a) 1000; (b) 3000; (c) 5000; (d) 10000; (e) 20000; (f) 30000; (g) 40000

N—操作次数; AD—平均偏差; P—概率因子

40000 次操作下, Ag/ZnO(10)ASE 和 Ag/SnO$_2$(6)In$_2$O$_3$(4)ASE 电触头材料电弧时间概率分布具有 99% 的相似性; Ag/CuO(10)ASE、Ag/CdO(10)ASE 和 Ag/SnO$_2$(10)ASE 电触头材料电弧时间概率分布具有 95% 的相似性, 当电弧时间大于 7.5ms 以后, Ag/CuO(10)ASE 电触头的电弧时间概率分布发生巨大改变。

图 8-5 所示为 ASE 工艺制备的不同合金组元 (ZnO、CuO、CdO、SnO$_2$ 和 SnO$_2$In$_2$O$_3$) 的 Ag/MeO(10)电触头材料在不同操作次数下 (1000 次、3000 次、5000 次、10000 次、20000 次、30000 次、40000 次) 的电弧时间平均值。从图可

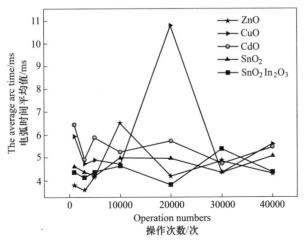

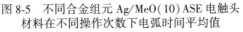

扫一扫查看彩图

图 8-5 不同合金组元 Ag/MeO(10)ASE 电触头
材料在不同操作次数下电弧时间平均值

以看出, 在不同合金组元和不同操作次数下, Ag/CuO(10)ASE 电触头材料在 20000 次操作下的电弧时间平均值最大, Ag/ZnO(10)ASE 电触头材料在 3000 次操作下的电弧时间平均值最小。

在相同合金组元, 不同操作次数下, Ag/ZnO(10)ASE 电触头材料在 10000 次操作下的电弧时间平均值最大, 在 3000 次操作下的电弧时间平均值最小; Ag/CuO(10)ASE 电触头材料在 20000 次操作下的电弧时间平均值最大, 在 30000 次操作下的电弧时间平均值最小; Ag/CdO(10)ASE 电触头材料在 1000 次操作下的电弧时间平均值最大, 在 30000 次操作下的电弧时间平均值最小; Ag/SnO$_2$(10) ASE 电触头材料在 10000 次操作下的电弧时间平均值最大, 在 5000 次操作下的电弧时间平均值最小; Ag/SnO$_2$(6)In$_2$O$_3$(4)ASE 电触头材料在 30000 次操作下的电弧时间平均值最大, 在 10000 次操作下的电弧时间平均值最小。

8.2.3　操作次数对熔焊力的影响

图 8-6 所示为 ASE 工艺制备的不同合金组元 (ZnO、CuO、CdO、SnO$_2$ 和 SnO$_2$In$_2$O$_3$) 的 Ag/MeO(10)电触头材料在不同操作次数下 (1000 次、3000 次、5000 次、10000 次、20000 次、30000 次、40000 次) 的熔焊力概率。从图可以看出, 相同操作次数下, 合金组元不同, Ag/MeO(10)ASE 电触头材料的熔焊力概率分布不同; 相同合金组元的 Ag/MeO(10)ASE 电触头材料在不同操作次数下的熔焊力概率分布也不同。

1000 次操作下, Ag/CdO(10)ASE 电触头材料的熔焊力最小, 90%的熔焊力数值小于 2.5×10^{-2}N; Ag/ZnO(10)ASE、Ag/CuO(10)ASE、Ag/SnO$_2$(10)ASE 和 Ag/SnO$_2$(6)In$_2$O$_3$(4)ASE 电触头材料熔焊力概率分布曲线基本相同, 熔焊力数值也相差不大, 90%的熔焊力数值小于 5×10^{-2}N。

3000 次操作下, Ag/SnO$_2$(10)ASE 电触头材料的熔焊力最大, 而且概率分布曲线不同于其他 Ag/MeO(10)ASE 电触头材料, 30%的熔焊力数值大于 30×10^{-2}N; 其他 4 种 Ag/MeO(10)ASE 电触头材料的熔焊力相对较小, 概率分布也相似, 其中 Ag/ZnO(10)ASE、Ag/CuO(10)ASE 和 Ag/CdO(10)ASE 电触头材料 90%的熔焊力小于 5×10^{-2}N, 而 Ag/SnO$_2$(6)In$_2$O$_3$(4)ASE 电触头材料的熔焊力稍微大一些, 有 20%的熔焊力大于 5×10^{-2}N, 但小于 10×10^{-2}N。

5000 次操作下, Ag/SnO$_2$(10)ASE 电触头材料的熔焊力概率分布不同于其他的 Ag/MeO(10)ASE 电触头材料, 熔焊力数值也比其他的 Ag/MeO(10)ASE 电触头材料要大, 50%的熔焊力数值要大于 15×10^{-2}N; 其他四种 Ag/MeO(10)ASE 电触头材料的熔焊力相对较小, 概率分布也相似, 99%的熔焊力数值小于 8×10^{-2}N。

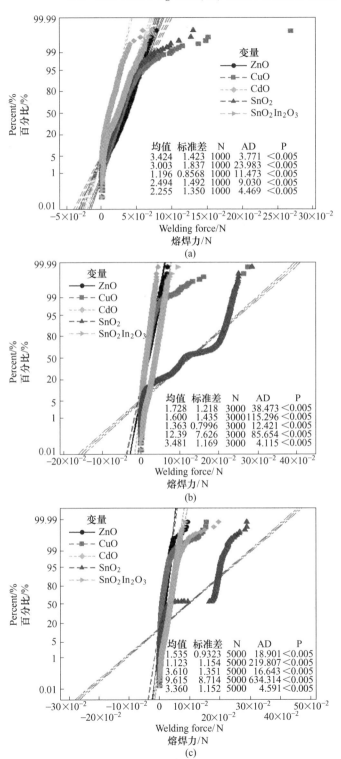

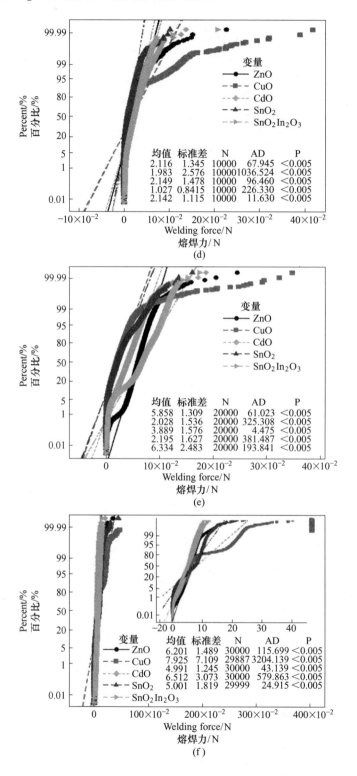

(d)

(e)

(f)

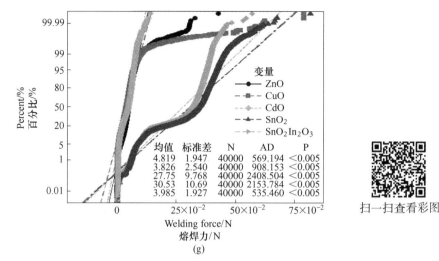

图 8-6 不同合金组元的 Ag/MeO(10) ASE 电触头材料不同操作次数下熔焊力的概率

(a) 1000；(b) 3000；(c) 5000；(d) 10000；(e) 20000；(f) 30000；(g) 40000

10000 次操作下，五种 Ag/MeO(10) ASE 电触头材料的熔焊力概率分布比较相似，其中 Ag/SnO$_2$(10) ASE 和 Ag/SnO$_2$(6) In$_2$O$_3$(4) ASE 电触头材料有 99% 的熔焊力小于 5×10^{-2}N；而 Ag/CuO(10) ASE 电触头材料有 10% 的熔焊力大于 5×10^{-2}N；Ag/ZnO(10) ASE 和 Ag/CdO(10) ASE 电触头材料有 99% 的熔焊力小于 7×10^{-2}N。

20000 次操作下，Ag/CuO(10) ASE 和 Ag/SnO$_2$(10) ASE 电触头材料 95% 的熔焊力小于 5×10^{-2}N，但 Ag/CuO(10) ASE 有 1% 的熔焊力大于 10×10^{-2}N，有些熔焊力数值甚至达到 35×10^{-2}N；Ag/CdO(10) ASE 电触头材料 99% 的熔焊力小于 7×10^{-2}N；Ag/ZnO(10) ASE 电触头材料 80% 的熔焊力处于 $5 \times 10^{-2} \sim 10 \times 10^{-2}$N；Ag/SnO$_2$(6) In$_2O_3$(4) ASE 电触头材料有 5% 的熔焊力大于 10×10^{-2}N。

30000 次操作下，Ag/CuO(10) ASE 电触头材料发生了熔焊，最后熔焊力达到了 400×10^{-2}N；而 Ag/ZnO(10) ASE、Ag/CdO(10) ASE 和 Ag/SnO$_2$(6) In$_2$O$_3$(4) ASE 电触头材料 99% 的熔焊力都小于 10×10^{-2}N；Ag/SnO$_2$(10) ASE 电触头材料有 20% 的熔焊力大于 10×10^{-2}N。

40000 次操作下，熔焊力概率分布呈两种形态：其中 Ag/ZnO(10) ASE、Ag/CuO(10) ASE 和 Ag/SnO$_2$(6) In$_2$O$_3$(4) ASE 概率分布曲线基本相同，99% 的熔焊力数值小于 12.5×10^{-2}N；Ag/CdO(10) ASE 和 Ag/SnO$_2$(10) ASE 的熔焊力数值较大，80% 的熔焊力数值大于 12.5×10^{-2}N。

图 8-7 所示为 ASE 工艺制备的不同合金组元（ZnO、CuO、CdO、SnO$_2$ 和 SnO$_2$In$_2$O$_3$）的 Ag/MeO(10) 电触头材料在不同操作次数下（1000 次、3000 次、

5000 次、10000 次、20000 次、30000 次、40000 次) 的熔焊力平均值。从图可以看出，在不同合金组元和不同操作次数下，Ag/SnO₂(10) ASE 电触头材料在 40000 次操作下的熔焊力平均值最大，而在 10000 次操作下的熔焊力平均值最小。

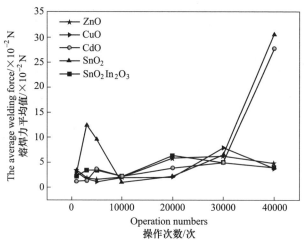

扫一扫查看彩图

图 8-7　不同合金组元 Ag/MeO(10)电触头材料在不同操作次数下熔焊力平均值

在相同合金组元，不同操作次数下，Ag/ZnO(10) ASE 电触头材料在 30000 次操作下的熔焊力平均值最大，在 5000 次操作下的熔焊力平均值最小；Ag/CuO (10) ASE 电触头材料在 30000 次操作下的熔焊力平均值最大，在 5000 次操作下的熔焊力平均值最小；Ag/CdO(10) ASE 电触头材料在 40000 次操作下的熔焊力平均值最大，在 1000 次操作下的熔焊力平均值最小；Ag/SnO₂(6) In₂O₃(4) ASE 电触头材料在 20000 次操作下的熔焊力平均值最大，在 10000 次操作下的熔焊力平均值最小。

8.3　操作次数对 Ag/MeO(10)电触头电弧侵蚀率的影响

图 8-8 所示为 ASE 工艺制备的不同合金组元（ZnO、CuO、CdO、SnO₂ 和 SnO₂In₂O₃）Ag/MeO(10)电触头材料在不同操作次数下（1000 次、3000 次、5000 次、10000 次、20000 次、30000 次、40000 次）阴极、阳极质量以及阴阳两极的质量变化。从图可以看出，合金组元不同，在相同操作次数下，Ag/MeO (10) ASE 电触头材料的质量变化不同。

Ag/MeO(10)ASE 电触头材料阳极质量变化（图 8-8（a））表明，在不同操作次数下，Ag/SnO₂(10) ASE 和 Ag/SnO₂(6)In₂O₃(4) ASE 电触头材料的阳极质量增加，且随操作次数的增加而增加；不同操作次数下，Ag/CuO(10) ASE

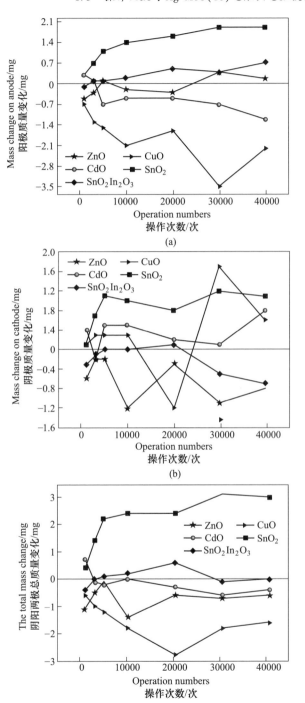

扫一扫查看彩图

图 8-8 不同合金组元 Ag/MeO(10)ASE 电触头材料不同操作次数下的质量变化

(a) 阳极；(b) 阴极；(c) 阴阳两极

和 Ag/CdO(10)ASE 电触头材料的阳极质量减少，且 Ag/CuO(10)ASE 电触头材料的质量变化大于 Ag/CdO(10)ASE 电触头材料。除 30000 次和 40000 次操作外，Ag/ZnO(10)ASE 电触头材料阳极质量减少，但减少的幅度不是很大。

Ag/MeO(10)ASE 电触头材料阴极质量变化（图 8-8（b））表明，在不同操作次数下，Ag/ZnO(10)ASE 电触头材料的阴极质量减少，Ag/SnO$_2$(10)ASE 电触头材料的阴极质量增加。除 3000 次外，Ag/CdO(10)ASE 电触头材料的阴极质量都增加；除 20000 次外，Ag/CuO(10)ASE 电触头材料的阴极质量也都增加。操作次数小于 20000 次时，Ag/SnO$_2$(6)In$_2$O$_3$(4)ASE 电触头材料阴极质量稍微减少或不变；20000 次后，Ag/SnO$_2$(6)In$_2$O$_3$(4)ASE 电触头材料阴极质量变化较大。

Ag/MeO(10)ASE 电触头材料阴阳两极总质量变化（图 8-8（c））表明，在不同操作次数下，Ag/SnO$_2$(10)ASE 电触头材料阴阳两极总质量都增加了，且质量变化随着操作次数的增加而增加；Ag/ZnO(10)ASE 和 Ag/CuO(10)ASE 电触头材料的阴阳两极总质量都减少了，且 Ag/CuO(10)ASE 电触头材料总质量变化大于 Ag/ZnO(10)ASE 电触头材料。Ag/CdO(10)ASE 和 Ag/SnO$_2$(6)In$_2$O$_3$(4)ASE 电触头材料总质量变化较小。

8.4　合金组元和含量对 Ag/MeO(10)电触头电弧侵蚀行为的影响

8.4.1　合金组元和含量对电弧侵蚀率的影响

图 8-9 所示为 ASE 工艺制备的不同合金组元（ZnO、CuO、CdO 和 SnO$_2$）和不同含量 Ag/MeO 电触头材料在 50000 次操作下的阴极、阳极质量以及阴阳两极总的质量变化。从图可以看出在相同操作次数下合金含量对 Ag/MeOASE 电触头材料的质量变化有一定的影响。

Ag/MeOASE 电触头材料阳极质量变化（图 8-9（a））表明，50000 次操作下，Ag/MeOASE 电触头材料阳极质量都增加了，其中 Ag/ZnO(10)ASE 电触头材料阳极质量变化小于 Ag/ZnO(8)ASE 电触头材料；Ag/SnO$_2$(12)ASE 电触头材料阳极质量变化大于 Ag/SnO$_2$(10)ASE 电触头材料；Ag/CuO(15)ASE 电触头材料阳极质量变化小于 Ag/CuO(10)ASE 电触头材料。Ag/CdO(15)ASE 电触头材料阳极质量变化最小，Ag/CdO(10)ASE 电触头材料阳极质量变化最大，Ag/CdO(13.5)ASE 电触头材料阳极质量变化大于 Ag/CdO(12)ASE 电触头材料。

Ag/MeOASE 电触头材料阴极质量变化（见图 8-9（b））表明，在 50000 次操作下，只有 Ag/CuOASE 和 Ag/CdO(10)ASE 电触头材料阴极质量增加了，且 Ag/CuO(15)ASE 电触头材料阴极质量变化大于 Ag/CuO(10)ASE 电触头材料。

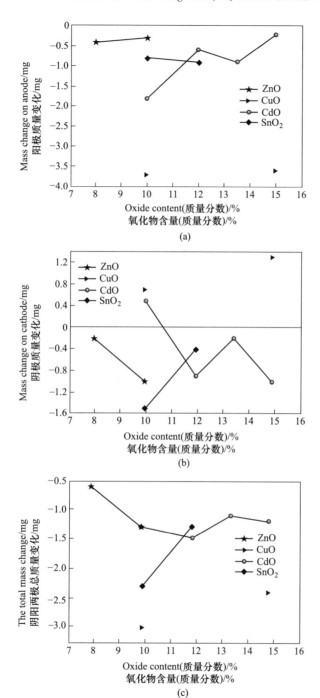

扫一扫查看彩图

图 8-9 不同合金组元 Ag/MeO 电触头材料在不同含量下的质量变化

(a) 阳极；(b) 阴极；(c) 阴阳两极

在 50000 次操作下，Ag/ZnOASE、Ag/SnO₂ASE 和 Ag/CdOASE 电触头材料阴极质量都降低了，且 Ag/ZnO(10)ASE 电触头材料阴极质量变化大于 Ag/ZnO（8）ASE 电触头材料，Ag/SnO₂(12)ASE 电触头材料阴极质量变化小于 Ag/SnO₂(10)ASE 电触头材料，Ag/CdO(13.5)ASE 电触头材料阴极质量变化最小。

Ag/MeOASE 电触头材料阴阳两极总质量变化（见图 8-9（c））表明，在 50000 次操作下，Ag/MeOASE 电触头材料总质量都降低了，其中 Ag/CuOASE 电触头材料的质量变化最大，且随 CuO 含量的增加而降低。Ag/SnO₂ASE 电触头材料总质量变化随 SnO₂ 含量的增加也降低。Ag/ZnOASE 电触头材料总质量随 ZnO 含量的增加而增大。Ag/CdOASE 电触头材料总质量变化与 CdO 含量的关系为：CdO(12)>CdO(10)>CdO(15)>CdO(13.5)。

图 8-10 所示为 ASE 工艺制备的不同合金组元（ZnO、CuO、CdO、SnO₂ 和 SnO₂In₂O₃）Ag/MeO(10)电触头材料在 50000 次操作下的阴极、阳极质量以及阴阳两极总的质量变化从图可以看出，在 50000 次操作下，合金组元不同，Ag/MeO(10)ASE 电触头材料的质量变化也不同。除了 Ag/CdOASE 和 Ag/CuOASE 电触头材料外，其他 Ag/MeO(10)ASE 电触头材料阴极质量都降低了，且质量变化从小到大的排序为：SnO₂In₂O₃<ZnO<SnO₂；在阳极，所有的 Ag/MeO(10)ASE 电触头材料的质量都降低了，且质量变化从小到大的排序为：ZnO<SnO₂In₂O₃<SnO₂<CdO<CuO。Ag/MeO(10)ASE 电触头材料总的质量变化从小到大的排序为：SnO₂In₂O₃<ZnO<CdO<SnO₂<CuO。

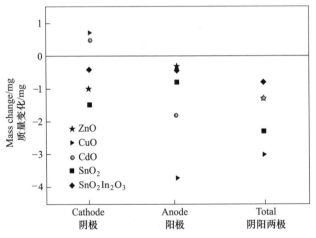

扫一扫查看彩图

图 8-10　不同合金组元 Ag/MeO(10) ASE 电触头材料的质量变化
（"-"表示质量下降，"+"表示质量增加）

Ag/MeO(10)ASE 阴极电触头的质量变化不同于阳极。Ag/CuO(10)ASE 和 Ag/CdO(10)ASE 电触头材料在阴极上质量增加，而其他 Ag/MeO(10)ASE 电触头材料在电弧侵蚀后质量均降低。Ag/SnO$_2$(6)In$_2$O$_3$(4)ASE 电触头材料在阴极上的质量变化最小（-0.4mg），Ag/ZnO(10)ASE 电触头材料在阳极上的质量变化最小（-0.3mg）；Ag/SnO$_2$(10)ASE 电触头材料阴极质量变化最大（-1.5mg），Ag/CuO(10)ASE 电触头材料阳极质量变化最大（-3.7mg）。

8.4.2 合金组元对电弧侵蚀形貌的影响

8.4.2.1 三维宏观形貌

图 8-11 所示为 ASE 工艺制备的不同合金组元（ZnO、CuO、CdO、SnO$_2$ 和

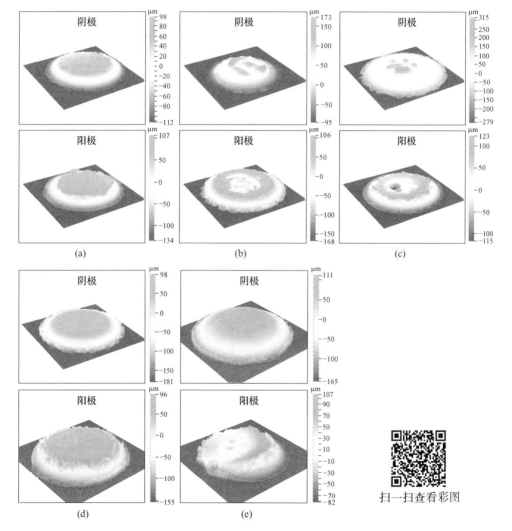

扫一扫查看彩图

图 8-11 不同合金组元 Ag/MeO(10)ASE 电触头材料 50000 次操作后阴极和阳极的三维宏观形貌

(a) Ag/ZnO；(b) Ag/CuO；(c) Ag/CdO；(d) Ag/SnO$_2$；(e) Ag/SnO$_2$In$_2$O$_3$

$SnO_2 In_2O_3$）Ag/MeO(10)电触头材料在 50000 次操作下阴、阳两极电触头的三维宏观电弧侵蚀形貌。从图可以看出，在 50000 次操作下，Ag/MeO(10)ASE 电触头材料的表面形貌都发生了很大的变化，且合金组元不同，阴、阳两极电触头表面的电弧侵蚀形貌也不同。

Ag/MeO(10)ASE 电触头材料的三维宏观形貌清晰地反映了电弧侵蚀后电触头材料表面的变化细节。Ag/ZnO(10)ASE 电触头材料阴极与阳极的接触面积较大，表面变化较小。在接触力和电弧侵蚀作用下，Ag/ZnO(10)ASE 阳极表面发生了变形。Ag/ZnO(10)ASE 电触头阴极表面出现了很多细小的侵蚀凸峰，阳极表面出现了许多相应的侵蚀小凹坑。Ag/CuO(10)ASE 和 Ag/CdO(10)ASE 电弧侵蚀后，电触头表面形貌发生了严重的变化，它们阴极表面由圆弧形变为凸峰形，阳极表面由弧形变为凹坑形。在 Ag/CuO(10)ASE 阴极上观察到 4 个侵蚀大凸峰，在阳极上观察到 4 个相应的侵蚀凹坑；在 Ag/CdO(10)ASE 阴极上观察到 5 个侵蚀小凸峰，在阳极上观察到 5 个相应的侵蚀凹坑。Ag/CuO(10)ASE 和 Ag/CdO(10)ASE 电触头材料的电弧侵蚀属于点接触，电弧主要聚集在几个接触点上，导致严重的电弧侵蚀。Ag/SnO_2(10)ASE 电触头材料的表面形貌变化与 Ag/ZnO(10)ASE 电触头材料相同；但 Ag/SnO_2(10)ASE 阴极与阳极的接触面积大于 Ag/ZnO(10)ASE 电触头，而且表面变化和变形小于 Ag/ZnO(10)ASE。因此 Ag/SnO_2(10)电触头材料的电弧侵蚀比 Ag/ZnO(10)ASE 轻。Ag/SnO_2(10)ASE 电触头材料表面变化比其他合金组元的 Ag/MeO(10)ASE 电触头材料都要小，在其阴极表面出现了很多微小的侵蚀凸峰，阳极表面也相应出现了很多微小的侵蚀凹坑。Ag/SnO_2(6)In_2O_3(4)ASE 电触头材料的表面变化比较严重，阴极表面出现了较多的侵蚀凸峰，阳极表面在接触力和电弧力的作用下，出现了塌陷；同时，在 Ag/SnO_2(6)In_2O_3(4)ASE 电触头阴极和阳极表面之间观察到了接触区。因此，Ag/SnO_2(6)In_2O_3(4)接触材料的电弧侵蚀不仅包括点接触，还包括面接触。综上所述，在 50000 次操作下，Ag/SnO_2(10)ASE 接触材料的抗电弧侵蚀性能最好，Ag/CuO(10)ASE 电触头材料的抗电弧侵蚀性能最差。

8.4.2.2 二维宏观形貌

图 8-12 所示为 ASE 工艺制备的不同合金组元（ZnO、CuO、CdO、SnO_2 和 $SnO_2 In_2O_3$）的 Ag/MeO(10)电触头材料在 50000 次操作下的二维宏观电弧侵蚀形貌。由图可以看出，在电弧作用下，合金组元不同，Ag/MeO(10)ASE 电触头材料表面的二维宏观电弧侵蚀形貌不同。电弧侵蚀改变了 Ag/MeO(10)ASE 电触头材料的表面形貌。在电触头阴极和阳极接触表面均观察到电弧腐蚀斑点。对于相同的 Ag/MeO(10)ASE 电触头材料，阴极电触头和阳极电触头的电弧侵蚀形貌不同。

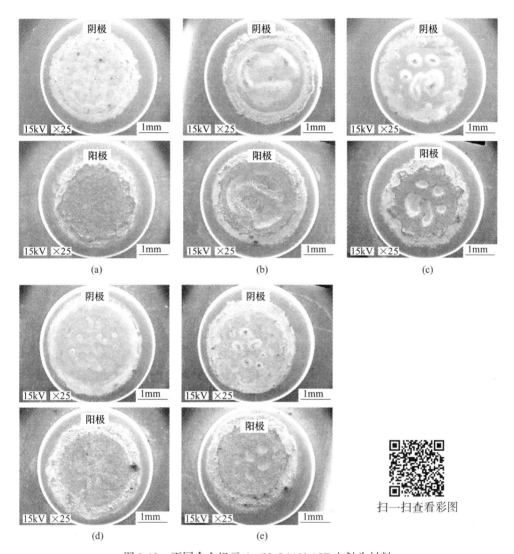

图 8-12 不同合金组元 Ag/MeO(10)ASE 电触头材料
50000 次操作后阴极和阳极的二维宏观形貌

（a）Ag/ZnO；（b）Ag/CuO；（c）Ag/CdO；（d）Ag/SnO₂；（e）Ag/SnO₂In₂O₃

对于同一电极材料，含有不同合金组元（ZnO、CuO、CdO、SnO₂、SnO₂In₂O₃）的 Ag/MeO(10)ASE 电触头材料电弧侵蚀形貌不同，说明合金组元对 Ag/MeO(10)ASE 电触头材料电弧侵蚀形貌有重要影响。Ag/ZnO(10)ASE 电触头材料阴极和阳极表面都出现了圆形侵蚀斑，侵蚀斑内表面比较平坦；Ag/CuO(10)ASE 电触头材料阴极表面的侵蚀斑内出现了不规则的小凸峰，阳极表面的侵蚀斑内出现了相应不规则小凹坑；Ag/CdO(10)ASE 电触头材料阴极表面的侵蚀斑内出现了点状和不规则的小凸峰，阳极表面的侵蚀斑内出现了相应的点状和不规则小凹坑；Ag/SnO$_2$(10)ASE 电触头材料阴极表面的侵蚀斑内出现了许多细小的凸峰，阳极表面的侵蚀斑内出现了相应的细小凹坑；Ag/SnO$_2$(6)In$_2$O$_3$(4)ASE 电触头材料阴极表面的侵蚀斑内出现了好几个点状的侵蚀凸峰，阳极表面的侵蚀斑内出现了相应的点状侵蚀凹坑。比较不同合金组元的二维宏观侵蚀形貌可以看出，在 50000 次操作下，Ag/CuO(10)ASE 和 Ag/CdO(10)ASE 电触头材料表面电弧侵蚀比较严重；Ag/SnO$_2$(10)ASE 电触头材料表面的电弧侵蚀相对比较小些。因此，Ag/SnO$_2$(10)ASE 电触头材料的抗电弧侵蚀性能要优于其他合金组元的 Ag/MeO(10)ASE 电触头材料。

8.4.3　合金组元对电弧侵蚀后二维轮廓的影响

电弧操作 50000 次后，Ag/MeO(10)ASE 电触头材料中心点处接触面 X、Y 剖面信息分别如图 8-13 和图 8-14 所示。Ag/ZnO(10)ASE 电触头材料阴极表面 X 剖面上的变化小于 Y 剖面（见图 8-13（a）和图 8-14（a））。Ag/ZnO(10)ASE 电触头材料阳极表面的 X 剖面和 Y 剖面变化较小且相似（见图 8-13（b）和图 8-14（b））。Ag/ZnO(10)ASE 电触头材料阳极电触头剖面变化小于阴极，说明电触头材料阴极电弧侵蚀比阳极严重，这与前面质量变化的结果一致。在 Ag/CuO(10)ASE 和 Ag/CdO(10)ASE 电触头材料阴极表面观察到了凸峰（见图 8-13（c），（e）和图 8-14（c），（e）），而阳极表面观察到了凹坑（见图 8-13（d）、（f）和图 8-14（d）、（f）），这说明在电弧作用下发生了从阳极到阴极的材料转移，同时也解释了 Ag/CuO(10)ASE 和 Ag/CdO(10)ASE 电触头材料阴极质量增加的原因。Ag/SnO$_2$(10)ASE 电触头材料阴极表面 X 方向和 Y 方向轮廓变化较小（见图 8-13（g）和图 8-14（g）），在阳极 X 方向轮廓变化大于 Y 方向（见图 8-13（g）和图 8-14（g））。Ag/SnO$_2$(6)In$_2$O$_3$(4)ASE 电触头材料阴极表面轮廓变化较小，但出现了一个小尖峰（见图 8-13（i）和图 8-14（i）），而在阳极表面 X 方向和 Y 方向轮廓变化均较大（见图 8-13（j）和图 8-14（j）），这表明在电弧作用下，Ag/SnO$_2$(6)In$_2$O$_3$(4)电触头材料阳极表面电弧侵蚀比阴极严重。

8.4.4　电弧侵蚀机理

在低压开关系统中，电触头材料的断开和接触通常会导致电弧的产生。在电触头接通过程中，由于气体电离作用，阴阳两电极间的气体会从绝缘体变成导体，从而引起电弧放电。电弧放电使得温度升高，最终导致电弧侵蚀；同时，阴极触头和阳极触头间的碰撞会引起机械磨损和弹跳，使得电弧时间延长。在电触头断开过程中，由于接触力和实际导电区面积的减小使得接触电阻增加。在接触表面断开的瞬间，接触电阻产生的热量将集中到一个很小区域，使得温度快速上

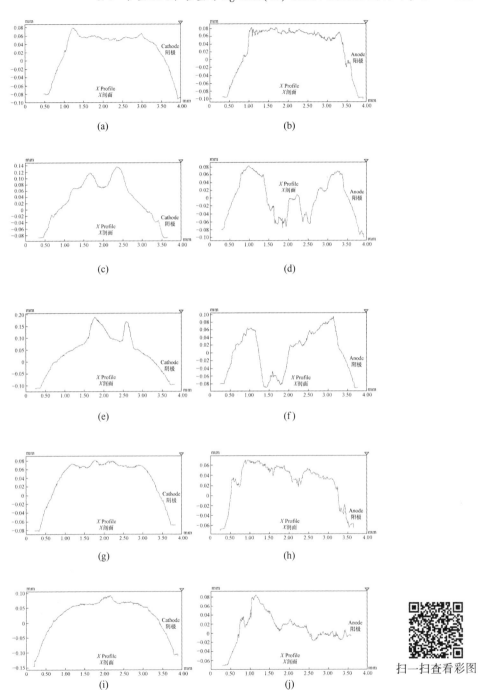

图 8-13 不同合金组元 Ag/MeO(10) ASE 电触头材料中心点接触面 X 剖面信息

（a），（b）Ag/ZnO；（c），（d）Ag/CuO；（e），（f）Ag/CdO；（g），（h）Ag/SnO$_2$；（i），（j）Ag/SnO$_2$In$_2$O$_3$

扫一扫查看彩图

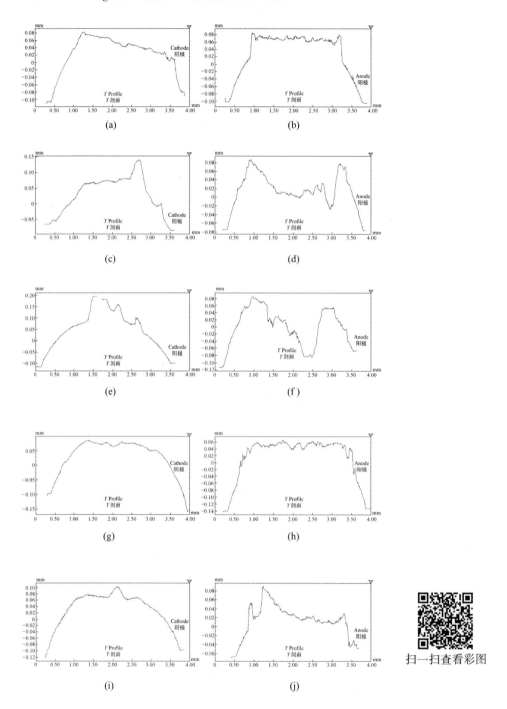

图 8-14   不同合金组元 Ag/MeO(10)ASE 电触头材料中心点接触面 Y 剖面信息

(a), (b) Ag/ZnO; (c), (d) Ag/CuO; (e), (f) Ag/CdO; (g), (h) Ag/SnO$_2$; (i), (j) Ag/SnO$_2$In$_2$O$_3$

扫一扫查看彩图

升到材料的熔点和沸点，最终引起材料的蒸发侵蚀。无论是在电触头材料的接通还是断开过程中，阴阳两电极间都将产生电弧。电弧反复作用在电触头表面，最终导致接触表面成分和形貌的变化以及温度的升高。接触表面成分的变化主要包括高熔点第二相颗粒在熔池内的漂浮、沉降和富集，以及基体组元的富集和表面污染。表面形貌的变化主要包括材料的熔化、喷溅、液体流动、蒸发和凝固。

　　研究结果表明合金组元对银金属氧化物电触头材料的电弧侵蚀有重要影响。Ag/ZnO(10)ASE 和 Ag/SnO$_2$(10)ASE 电触头材料的电弧侵蚀形貌相似，Ag/CuO(10)ASE 和 Ag/CdO(10)ASE 电触头材料的电弧侵蚀形貌相似。Ag/ZnO(10)ASE 和 Ag/SnO$_2$(10)ASE 电触头材料的电弧侵蚀主要是液体喷溅和蒸发；Ag/CuO(10)ASE 和 Ag/CdO(10)ASE 电触头材料的电弧侵蚀主要是发生从阳极到阴极的材料转移；Ag/SnO$_2$(6)In$_2$O$_3$(4)ASE 电触头材料的电弧侵蚀既有液体喷溅和蒸发，又发生了材料转移。银金属氧化物电触头材料在断开过程中的电弧侵蚀示意图，如图 8-15 所示。电触头材料在接通到断开过程中接触力和真实的导电区域逐渐减小，会导致接触电阻和接触面温度的升高。因此，当电触头材料开始断开时，由于接触电阻和接触面温度的升高，接触面熔化并在阴极和阳极间形成金属液桥。随着阴极和阳极间距的增大，电极间金属蒸汽逃离接触表面。电极间带电粒子主要是电子、金属离子和金属原子。在电场力作用下，金属离子和电子分别向阴极和阳极表面移动，金属离子沉积在阴极表面形成尖峰，而电子轰击阳极，导致阳极表面金属原子的进一步增加，从而发生材料从阳极转移到阴极的电弧侵蚀（见图 8-16），材料转移会导致电极间距的改变，引起电触头间连接和断开的比例变化，最终导致电触头失效。

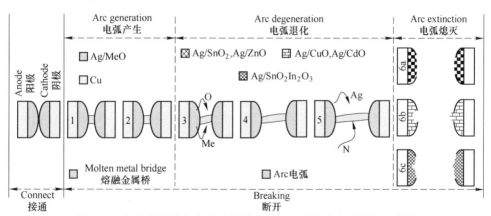

图 8-15　银金属氧化物电触头材料在断开过程中的电弧侵蚀示意图

扫一扫查看彩图

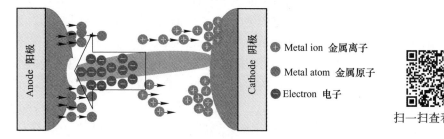

图 8-16　材料从阳极转移到阴极的示意图

参 考 文 献

[1] Jiang Y, Xu C H, LAN G Q. First-principles thermodynamics of metal-oxide surface and interfaces: A case study review [J]. Transactions of Nonferrous Metals Society of China, 2013, 23: 180-192.

[2] Walczuk E, Borkowski P, Frydman K, Wojcik G D, Buncholc W. Migration of composite contact materials components at high current arcing [C]. International Conf Electrical contacts, Sendai, Japan, June, 2006: 143-149.

[3] Chaabane L, Sassi M. Experimental determination of factors influencing contact by electrical arc [C]. International Conf. Electrical contacts, Saint Malo, France, June, 2008: 43-47.

[4] Jemaa N B, Queffelec J L, Some investigations on slow and fast arc voltage fluctuations for contact materials proceeding in various gases and direct current [J]. IEEE Transactions on Components, Hybrids and Manufacturing Technology, 1991 (14): 113-117.

[5] Jemaa N B. Break arc duration and contact erosion in automotive application [J]. IEEE Transaction on Components, Packaging and Manufacturing Technology-part A, 1996, 19 (1): 82-86.

[6] Schullman M B, Slade F G, Loud LD. Influence of contact geometry and current on effective erosion of Cu-Cr, Ag-WC, and Ag-Cr vacuum contact materials [J]. IEEE Transactions on Components and Packaging Technology, 1999, 22 (3): 405-413.

[7] Mcbride J W, Sharkh S M A. The effect of contact opening velocity and the moment of contact opening on the eroding of Ag/CdO contact [C]. Proceedings of the 39th IEEE Holm Conference on Electrical Contacts, Pittsburgh, PA, USA, 1993: 87-95.

[8] 程礼椿, 李震彪, 邹积岩. 制造工艺与添加物对银金属氧化物触头材料运行性能的影响与作用（Ⅱ）[J]. 低压电器, 1994 (03): 47-51.

[9] 贾清翠, 于杰, 陈敬超, 等. 含钇银铟合金硫化腐蚀及力学、光学性能研究 [J]. 材料导报, 2015, 29 (10): 94-96+104.

[10] Vinaricky E, Behrens V. Switching behavior of silver/graphite contact material in different atmospheres in regard to contact erosion [C]. Proceedings of the 44th IEEE Holm Conference on Electrical Contacts, Arlington, VA, USA, 1998: 292-300.

［11］ Kossowsky R，Slade PG. Effect of arcing on the microstructure and morphology of Ag/CdO con-
tacts［J］. IEEE Trans. Parts，Hybrids，and Packing，1973，9（1）：39-44.

［12］ Witter G J，Polevoy I. A study of contact resistance as a function of electrical load for silver
based contacts［C］. International Conf Electrical contacts，Mano R&D Tech. Center，Nagoya，
Japan，July，1994：503-568.

［13］ 李靖，候月宾，李恒，等．直流电弧对制备工艺和添加剂不同的 Ag/SnO2 触头材料的侵
蚀研究［J］. 湖南工程学院学报（自然科学版），2012，22（01）：1-6.

［14］ Makoto H，Keisuke T. Non-contacting evaluation schemes of contact surface damages with
several optical techniques［C］. 1st Internal Conference on Electric Power Equipment-Switching
Technology，Xian，China，2011：152-155.

［15］ Swingler J，Sumption A. Arc erosion of Ag/SnO$_2$ electrical contacts at different stages of a break
operation［J］. Rare Metals，2010（29）：87-97.